SAUCE
SALT
HONEY
SALT
Milk

微信公众号

舌尖上的安全

Eating Safely and Healthily

1

主　　编　程景民

副 主 编　邢菊霞　陆　姣　孙元琳

文　　稿

编　　者（以姓氏笔画为序）

于海清　王　君　王　玲　王　媛　元　瑾　毛丹卉　卞亚楠　田步伟

史安琪　邢菊霞　任　怡　刘　灿　刘　俐　刘　楠　刘磊杰　孙元琳

李　祎　李欣彤　李敏君　李靖宇　杨　阳　吴胜男　张　欣　张晓琳

张培芳　陆　娇　武众众　范志萍　郑思思　郝志媛　胡家豪　胡婧超

袁璐璐　徐　佳　郭　丹　郭　佳　郭文慧　曹雅君　梁家慧　程景民

谭腾飞　熊　妍　潘思静　薛　英　籍　坤

视　　频

制　　片：李海滨

责任编辑：宋铁兵　刘磊杰

摄　　像：李士帅　李志彤　王磊磊

后　　期：郭园春　王丽莎　郝　琴

技术统筹：杜晋光

节目统筹：张亚玲

监　　制：郭　晔　王杭生

总 监 制：赵　欣　魏元平　柴洪涛

人民卫生出版社

图书在版编目（CIP）数据

舌尖上的安全. 第1册 / 程景民主编. -- 北京：人民卫生出版社，2017

ISBN 978-7-117-25392-5

Ⅰ. ①舌…　Ⅱ. ①程…　Ⅲ. ①食品安全 - 普及读物
Ⅳ. ①TS201.6-49

中国版本图书馆 CIP 数据核字（2018）第 001333 号

舌尖上的安全（第1册）

主　　编： 程景民
出版发行： 人民卫生出版社（中继线 010-59780011）
地　　址： 北京市朝阳区潘家园南里 19 号
邮　　编： 100021
E - mail： pmph @ pmph.com
购书热线： 010-59787592　010-59787584　010-65264830
印　　刷： 北京铭成印刷有限公司
经　　销： 新华书店
开　　本： 710 × 1000　1/16　　**印张：** 13
字　　数： 206 千字
版　　次： 2018 年 3 月第 1 版　2018 年 3 月第 1 版第 1 次印刷
标准书号： ISBN 978-7-117-25392-5/R · 25393
定　　价： 47.00 元

《舌尖上的安全》

学术委员会

邵　薇（中国食品科学技术学会）
郝建新（山西省科学技术协会）
胡先明（山西省健康管理学会）
郭丽霞（国家食品安全风险评估中心）
黄永健（山西省食品工业协会）
梁晓峰（中华预防医学会）
曾　瑜（中国老年医学会）
谢　红（山西省科技厅）

第1册

前言

2015年4月，十二届全国人大常委会第十四次会议表决通过了新修订的《食品安全法》。这是依法治国在食品安全领域的具体体现，是国家治理体系和治理能力现代化建设的必然要求。党中央、国务院高度重视食品安全法的修改，提出了最严谨标准、最严格监管、最严厉处罚、最严肃问责的要求。

新的《食品安全法》遵循“预防为主、风险管理、全程控制、社会共治”的原则，推动食品安全社会共治，鼓励消费者、社会组织以及第三方的参与，由此形成社会共治网络体系。新的《食品安全法》增加了食品安全风险交流的条款，明确了风险交流的主体、原则和内容，强调了风险交流不仅仅是信息公开、宣传教育，必须是信息的交流沟通，即双向的交流。

本书以《舌尖上的安全》节目内容为基础，全书由嘉宾与主持人的对话讨论为叙述形式，并借力新媒体技术，通过手机扫描二维码，即可观看《舌尖上的安全》同期节目视频，采用一种图

文并茂、生动活泼的创新手法，在双向的交流中深入浅出地解读食品安全知识。

《舌尖上的安全》在前期的编导及后期的编写工作中得到尊敬的陈君石院士、王陇德院士、庞国芳院士、孙宝国院士、岳国君院士、钟南山院士、朱蓓薇院士、吴清平院士在专业知识方面给予的指导和帮助，谨此对他们致以衷心的感谢。

食品安全涉及诸多学科，相关研究也在不断发展，由于作者知识面和专业水平的限制，书中难免有错漏和不妥之处，敬请专家、读者批评指正。

程景民

2018 年 2 月

目录

中国食品安全现状

民以食为天，食以安为先。经过改革开放 30 多年的发展，与食品相关的上下游行业逐步形成独立的食品产业体系，成为集三产为一体的国民经济支柱产业。然而，进入 21 世纪以来，我国食品安全事件多发、频发，不仅对产业发展造成影响，也给人民身体健康和安全带来威胁，成为社会关注的重大民生问题。

食品安全水平的不断提高得益于各方面艰苦的努力。近年来，随着《食品安全法》的颁布、实施和修订，以及国务院食品安全委员会、国家食品安全风险评估中心、国家食品药品监督管理总局等机构的成立，我国实施了一系列旨在保障食品安全的行动计划，逐步建立了较为完善的食品安全保障体系。

但“从农田到餐桌”的食品安全问题日益复杂化，食品安全问题多发、频发；以产品为核心的风险监测体系不能真实反映生产过程食品安全水平，造成对食品安全现状认知的偏差；食源性疾病存在漏报、瞒报情况，由其引发的潜在风险尚未引起足够重视。食品安全治理仍然任重道远。

随着经济发展和人民生活水平的提高，我国民众的生活方式在悄然发生转变，由吃到饱、吃到好奔向要吃出健康。那么，舌尖上的美食究竟是否安全呢?

健康生活新态度，
时尚生活新主张。

我是王君，很开心我们的节目终于和大家见面了。同时，为了能够给大家提供一个更加权威和专业的解读和指导，以及最前沿的食品安全研究资讯，我们特别邀请了山西医科大学管理学院院长程景民老师，和我们一起聊聊舌尖上的那点事儿。

程老师，您好。

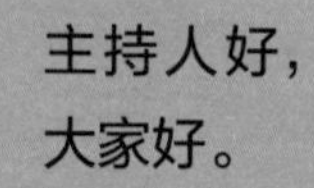

程老师，我们知道，自古以来呢，民以食为天，食以安为先，但是现在随着市场上琳琅满目的食品充斥我们的生活，带来的却是食品安全问题的日益凸显，让老百姓有些盲目无措。针对这样的现象您怎么看？

在我谈之前，我先给你和观众朋友们看样东西，看完它以后，我想大家一定会有意外收获。

这是国家卫生计生委通报的2015年全国食物中毒事件情况（图1-1，图1-2）。

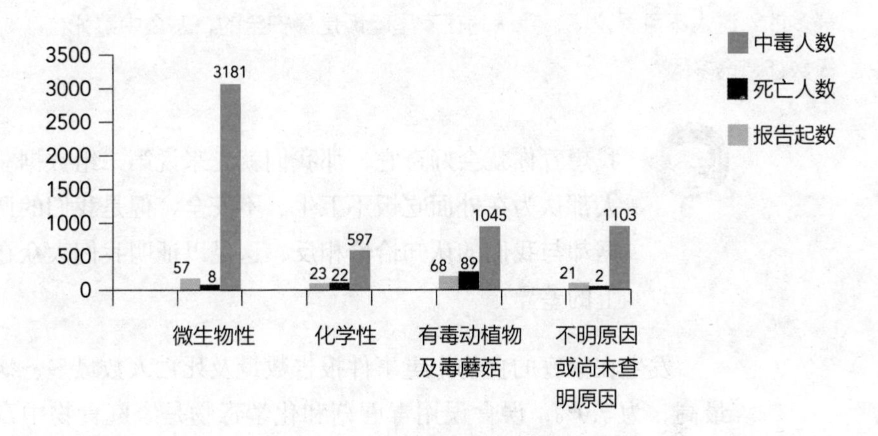

图1-1　中毒事件原因分类情况

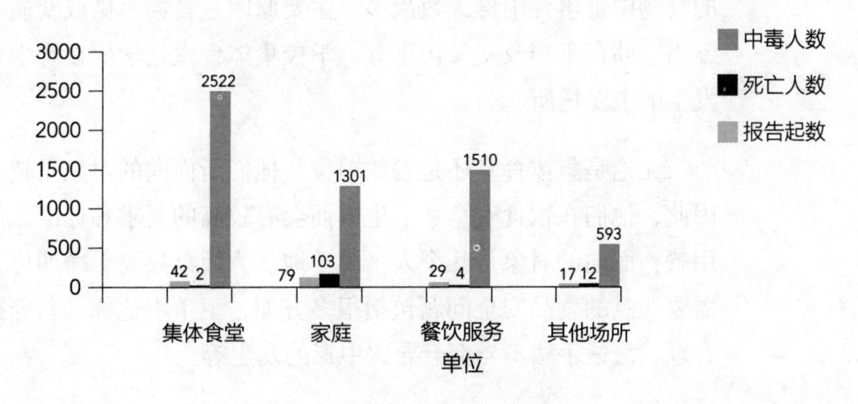

图1-2　中毒事件场所分类情况

程老师，我疑惑的是这里（图 1-2 第二组数据），家庭的死亡人数竟然是最多的？这太不可思议了，我认为在家里吃饭是最安全的，怎么中毒死亡人数还是最多的？

我想着你就会好奇它，那我们就先来说第二组数据。很多人都认为在外面吃饭不卫生、不安全，但是我们的调查数据却与我们的认知恰恰相反，这足以证明我们大众在认知上的差异。

发生在家庭的食物中毒事件报告数量及死亡人数最多，病死率最高，为 7.9%，误食误用毒蘑菇和化学毒物是家庭食物中毒事件死亡的主要原因。农村自办家宴引起的食物中毒事件 20 起，中毒 1055 人，死亡 13 人，分别占家庭食物中毒事件总报告数量、总中毒人数和总死亡人数的 25.3%、81.1% 和 12.6%。发生在集体食堂的食物中毒事件中毒人数最多，主要原因是食物污染或变质、加工不当、储存不当及交叉污染等。学校集体食堂是学生食物中毒事件发生的主要场所。

无论是集体食堂还是餐饮单位，他们所面向的对象是较多人，因此，他们在饮食安全和卫生方面会有较高的要求和标准。而家庭用餐，面向的对象是几个人，简单地认为饭菜只要干净即可，但是需要注意的食品安全问题包括很多方面，卫生不达标、营养搭配不合理、烹饪手法不当都会导致中毒的发生等。

从图 1-1 中分析食物中毒事件原因，2015 年微生物性食物中毒事件的中毒人数最多，主要致病因子为沙门菌、副溶血性弧菌、蜡状芽胞杆菌、金黄色葡萄球菌及其肠毒素、致泻性大肠埃希菌、肉毒毒素等。有毒动植物及毒蘑菇引起的食物中毒事件报告数量和死亡人数最多，病死率最高，是食物中毒事件的主要死亡原因，主要致病因子为毒蘑菇、未煮熟的四季豆、乌头、钩吻、野生蜂蜜等，其中毒蘑菇食物中毒事件占该类食物中毒事件报告数量的60.3%。化学性食物中毒事件的主要致病因子为亚硝酸盐、毒鼠强、克百威、甲醇、氟乙酰胺等，其中亚硝酸盐引起的食物中毒事件9起，占该类事件总报告数量的39.1%，毒鼠强引起的食物中毒事件4起，占该类事件总报告数量的17.4%。

大众食品安全知识的缺乏，必将导致日常饮食行为的不当。微生物中毒人数最多，因为很多地方都可能导致它发生，比如吃饭不洗手、切菜砧板不清理再次使用等。有毒动植物及毒蘑菇导致的死亡人数最多，可能是我们购买了有毒的食物，也可能问题出现在烹饪环节。各级卫生计生部门要结合当地饮食结构、生活习惯及气候特点等，积极开展多种形式的健康教育，加强食物中毒知识的安全宣传工作，增强公众预防食物中毒的意识，倡导良好的饮食卫生习惯，减少食物中毒事件的发生。

因此，我们面临的不仅仅是我们所看见的外在问题，自身的认知问题也很严重。

您说得很对，确实是老百姓没有一个方便又可以获得专业知识的渠道，导致了这样的尴尬局面。程老师，我们知道很多人对中国的食品安全现状其实还是比较担忧的，但是又不知道该怎么去避免和注意，从您的角度看，您觉得我们有必要如此担忧吗？中国现在的食品安全现状到底是什么样的？

每一个国家都存在着严重的食品安全问题，甚至有些比我们国家还严重。经过我们的对比调查研究，中国的食品安全管理工作在世界范围来看还是比较严格的，所以我们没必要过于担忧。针对我国的食品安全现状我想说两点：

第一点：我国的食品安全水平在不断提高

随着经济发展和人民生活水平的提高，我国民众的生活方式在悄然发生转变，由吃饱到吃好，再到吃出健康。

具体而言，2009—2013 年我国蔬菜、水果、畜禽、水产品质量安全合格率分别在 96%、95%、99% 和 94% 以上，总体保持较高水平。2009—2012 年我国加工食品监督抽查合格率从 91.1% 上升至 95.6%，质量安全水平逐年提高。2012—2014 年项目组对我国 30 多个省会城市和直辖市约 1.2 万批蔬菜水果农药残留的监测结果显示，蔬菜和水果平均合格率分别超过了 96% 和 98%。

我国建立了食品安全法律法规体系，食品安全标准体系初步形成，食品安全监管改变了“九龙治水”格局，有效向集中化转变，食品安全监测能力显著提升，风险评估和风险交流已经实现了良好开局。

第二点：我国的食品安全风险隐患依然严峻

虽然我国食品安全水平在不断提升，但是我国食品安全治理体系仍然存在薄弱环节，我国仍处于食品安全风险隐患凸显和食品安全事件高发期。

安全提示

我国的食品安全治理体系还存在一些薄弱环节，但总体来说，中国的食品安全管理工作在世界范围来看还是比较严格的，没必要过于担忧。

这里也有一些数据，2009 年至 2013 年我国进境不合格食品批次和数量逐年增加；2002 年至 2012 年欧盟食品饲料预警系统 RASFF 通报的中国食品安全问题 3706 件，在通报的 144 个国家和地区中连续五年排在首位。2014 年消费者调查显示，消费者高度关注食品安全，但满意度仅为 13%。

除了食品质量安全方面的隐忧，我国还面临食品营养缺乏和过剩的双重挑战。西部欠发达地区吃不饱的问题仍存在，欠发达地区儿童成长发育迟缓，缺铁性贫血和营养不良状况依然没有得到彻底解决；另一方面，我国营养失衡所造成的如高血压病、糖尿病等慢性非传染性疾病仍处于高发态势。

总结起来，我国凸显四类主要食品安全风险。第一，病原微生物污染是造成食物中毒死亡的主要原因，因此病原微生物污染防控是食品安全的刚性需求；第二，农兽药滥用则是当前食品安全源头污染的主要来源，可以说我国农兽药应用仍然处于无序状态；第三，重金属、真菌、毒素等污染物构成粮食食品安全长期隐患，其中，粮食重金属污染物主要为镉、砷、铅和汞，而重金属超标率较高的粮食区域在南方和西南省区；第四，非法添加、掺杂使假和欺诈仍是我国现阶段突出的食品安全问题。

看来在我们身边有很多食品安全问题，而解决这些问题需要各方的共同努力，提高老百姓的食品安全风险意识。

所以，我认为这就是我们这档节目的价值所在，我们要传递给老百姓食品安全方面正确的观念、正确的资讯、正确的知识。

您说得太对了。非常感谢程景民老师帮助大家了解了我国的食品安全现状和问题，今后我们要一起关注更多的食品安全问题，谢谢程老师。

1-2

中国食品安全问题的发生

当今社会，食源性疾病、食品添加剂和转基因问题，都是热点新闻话题，引发了广泛关注。

由食品污染而引起的疾病是当今世界上最广泛的卫生问题之一。据报告，食源性疾病的发病率居各类疾病总发病率的第二位。1984 年世界卫生组织（World Health Organization, WHO）将“食源性疾病”（foodborne diseases）一词作为正式的专业术语，代替历史上使用的“食物中毒”一词，并将食源性疾病定义为通过摄食方式进入人体内的各种致病因子引起的通常具有感染或中毒性质的一类疾病。

再看食品添加剂，公众谈食品添加剂色变，更多的原因是混淆了非法添加物和食品添加剂的概念，不应该把一些非法添加物的罪名扣到食品添加剂的头上。国家出台规定，需要严厉打击食品中的违法添加行为，迫切需要规范的是食品添加剂的生产和使用问题。食品添加剂存在一些问题，比如来源不明或者材料不正当，最容易产生的问题是滥用。

对于转基因食品，现代生物技术将其他生物基因转入植物，将病毒、细菌和非食物品种的外源基因，以及标记基因中的抗生素抗性基因等引入食用作物，这些都是传统育种技术无法实现的。另外，现代遗传工程学还比较年轻，谁也无法预估这些遗传改变可能产生的后果。因此，各国对这类食品的安全检验要求比用传统方法培育生产的更加严格。截至 2013 年，国际上普遍采用的是以实质等同性原则为依据的安全性评价方法。

通过了解我们身边的食品安全问题，增进我们对食品安全问题的认知，提升我们对食品安全的重视。

近期，食源性疾病、食品添加剂和转基因话题，受到了老百姓们的关注，这让我想到曾经发生在我们生活中的食品安全事件，很多都还历历在目，特别是看到毒奶粉事件，想起那些喝了毒奶粉的婴儿，心中还是有很多感慨的。但是，程老师，这三个案件似乎又有一些区别？

你说得很对，这些案例其实是分别代表了当前我们所面对的一些食品安全风险问题，也是百姓对食品安全风险认知需要解决的问题：第一，病原微生物污染是造成食品安全事件的主要原因。因此，病原微生物污染防控是食品安全的刚性需求；第二，非法添加和欺诈仍是我国现阶段突出的食品安全问题；第三，农兽药滥用、重金属污染则是当前食品安全源头污染的主要问题；第四，对转基因食品的认知问题。

程老师，刚才您讲到的病原微生物污染是不是就包括食物中毒啊？

对，它包括食物中毒。我们先来说说食源性疾病（图2-1）。

食源性疾病

是指通过摄食而进入人体的有毒有害物质等致病因子所造成的疾病。

一般分为感染性和中毒性，包括常见的食物中毒、肠道传染病、人畜共患传染病、寄生虫病以及化学性有毒有害物质所引起的疾病等。

图 2-1　食源性疾病概念及分类

从这个概念出发，但不包括一些与饮食有关的慢性病、代谢病，如糖尿病、高血压病等，虽然国际上也有人把这类疾病纳入食源性疾病的范畴。顾名思义，凡与摄食有关的一切疾病（包括传染性和非传染性疾病）均属食源性疾病。

那我们可以看到，三鹿奶粉事件就属于食源性疾病了。其实，我们生活中发生的食源性疾病还是很多的，比如“苏丹红”“地沟油”等。

是的，食源性疾病在我们日常生活中的发病率处于食品安全问题的前列，是当前全世界都比较突出的问题。食源性疾病因为有着不同的致病因子因而会有不同的临床表现。但是，这类疾病有一个共同的特征，就是通过进食行为而发病，这就为预防这类疾病提供了一个有效的途径：加强食品卫生监督管理，倡导合理营养，控制食品污染，提高食品卫生质量。

那第二个话题是什么呢?

第二个就是食品添加剂（图 2-2），这也是我们比较常见的食品安全问题。其实，这里存在一个有趣的问题。

食品添加剂

是为改善食品色、香、味等品质，以及为防腐和加工工艺的需要而加入食品中的人工合成或者天然物质。我国的食品添加剂目前有 23 个类别，2000 多个品种。

图 2-2　食品添加剂

什么问题呢?

实际上，食品添加剂的使用是有法律依据的。根据《中国人民共和国食品安全法》（2015年）的规定，目前我国食品添加剂包括抗氧化剂、漂白剂、膨松剂、着色剂、增味剂、营养强化剂、防腐剂、甜味剂、增稠剂、香料等。

安全提示

食品添加剂是合法的，国家法律是允许在食品中适当加入食品添加剂的。

那我们平常看到的新闻比如说玉米加香精之类的事件其实是不违法的吗?

这里有两个问题：首先看这个添加剂是不是国家法律规定的食品添加剂，如果不是，那肯定是违法的；如果是，那就看第二个问题，是不是符合国家规定的量，如果过量加入也是违法的。

原来是这样。那也就是说我们判断的标准需要依据法律。

对。我们往往把法律规定的叫食品添加剂，其他叫非法添加物。因为没有什么特别的方法去界定，只能依靠法律。食品添加剂具有以下三个特征：一是为加入到食品中的物质，因此，它一般不单独作为食品来食用；二是既包括人工合成的物质，也包括天然物质；三是加入到食品中的目的是为改善食品品质和色、香、味以及防腐、保鲜和加工工艺的需要。对食品添加剂无需过度恐慌，随着国家相关标准的即将出台，食品添加剂的生产和使用必将更加规范。当然，应该加强自我保护意识，多了解食品安全相关知识，尤其不要购买颜色过艳、味道过浓、口感异常的食品。

哦，懂了。那我们来看最后一个热门话题。

最后一个，应该就是媒体和公众一直探究的转基因食品了（图 2-3）。

转基因技术
是提取特定生物体基因组中所需要的目的基因。也可以是人工合成指定序列的 DNA 片段，将 DNA 片段转入特定生物中，与其本身的基因组进行重组，再从重组体中进行数代的人工选育，从而获得具有稳定表现特定的遗传性状的个体。

图 2-3　转基因技术

根据转基因食品来源的不同可分为植物性转基因食品、动物性转基因食品和微生物性转基因食品。从世界上最早的转基因作物（烟草）于 1983 年诞生，到美国某公司研制的延熟保鲜转基因西红柿 1994 年批准上

安全提示

转基因其实是一种科学技术，只是后来这种技术被用到了食品上，同时还应用到了农业和医药等行业。

市，转基因食品的研发迅猛发展，产品品种及产量也成倍增长，转基因作为一种新兴的生物技术手段，它的不成熟和不确定性，使得转基因食品的安全性成为人们关注的焦点。国际社会上，截至 2010 年，美国小麦主粮的商业化尚未推开，日本禁止进口美国转基因大米，印度停止转基因茄子商业化。

我看到当前很多行业对转基因的争论还是很激烈的，有说它好的也有说它不好的，到底该如何评价它呢?

对于转基因食品是否对人体有害，目前全球范围内还没有一个确切的结论，而当前发生的关于转基因的争论，也是没有结论的争论。1993 年，经济合作与发展组织（OECD）首次提出了实质等同性原则。OECD 认为，以实质等同性为基础的安全性评价，是说明现代生物技术生产的食品和食品成分安全性最实际的方法。1996 年 FAO 和 WHO 的专家咨询会议建议“以实质等同性原则为依据的安全性评价，可以用于评价 GM 生物衍生的食品和食品成分的安全性。”实质等同性可以证明转基因食品并不比传统食品不安全，但并不证明它是绝对安全的，因为证明绝对安全是不切实际的。

其实，我们都已经知道，无论是对我们影响比较大的食源性疾病，还是离我们稍微有点远的转基因食品，都是值得我们去重视和了解的，因为食品安全问题时时刻刻都发生在我们的身边。今后，将从贴近百姓生活的热门话题入手，关注离我们最近的食品安全问题。

1-3

你所不了解的食品添加剂（一）

根据我国食品卫生法（1995年）的规定，食品添加剂是为改善食品色、香、味等品质，以及为防腐和加工工艺的需要而加入食品中的人工合成或者天然物质。目前我国食品添加剂有23个类别，2000多个品种，包括酸度调节剂、抗结剂、消泡剂、抗氧化剂、漂白剂、膨松剂、着色剂、护色剂、酶制剂、增味剂、营养强化剂、防腐剂、甜味剂、增稠剂、香料等。

世界各国对食品添加剂的定义不尽相同，联合国粮农组织（FAO）和世界卫生组织（WHO）联合食品法规委员会对食品添加剂定义为：食品添加剂是有意识地一般以少量添加于食品，以改善食品的外观、风味和组织结构或贮存性质的非营养物质。按照这一定义，以增强食品营养成分为目的的食品强化剂不应该包括在食品添加剂范围内。

酱油里面有防腐剂，牛奶里有稳定剂，面包里有疏松剂，食品添加剂在日常生活中使用十分广泛，食品添加剂是食品加工中不可缺少的配料，所有加工食品中基本没有不含添加剂的。食品添加剂的生产都要经过严格的评价和检测，并且都要经过一系列的动物试验对其急性毒性、遗传毒性、致癌毒性、致畸毒性等进行综合评价，在确定对身体没有安全隐患后才可以被批准使用，确保人体食用的安全性。所以只要是按照规定使用就是十分安全的，消费者可以放心食用。

接下来这三期节目，就让我们走近食品添加剂，了解其中的奥秘吧。

程老师，我前两天逛超市，惊奇地发现，几乎所有的食品配料表中都有一类物质的影子。

你说的应该是食品添加剂。

程老师，您早知道了。

“食不厌精，脍不厌细。食饐而餲，鱼馁而肉败，不食；色恶不食；臭恶不食……祭肉不出三日，出三日不食之矣……”《论语》留下了古人对食物保鲜的最早观点。如果那时有防腐剂，孔夫子就不用担忧了。和孔子的那个年代相比，今天中国食品的生产、加工、经销、售卖和消费的方式已经彻底改变。食品从田间到餐桌之间的链条被拉得越来越长，食品添加剂越来越多地被运用到了食品中去。与此同时，对食品最基本的要求：安全，也受到了挑战。从油条、豆腐开始，中国应用添加剂的历史已经很久远了，这些老百姓早餐桌上物美价廉的食品，历史上尚未出现一例长期吃这种食品产生的中毒事件。

据我所知啊，咱们中国从商朝开始就使用盐渍作添加剂，一直到现在，各种各样的添加剂给我们的食物增色添香。说到这儿我想问问您，那国际上开始大量使用添加剂是在什么时候呢？

其实早在公元前1500年左右，古埃及便已开始使用色素作为添加剂了。中国食品供应的工业化进程基本可以认为是大约20年前开始，20年时间还不足以让中国建立完全可靠的食品安全控制体系，西方工业化国家普遍用了一百多年。工业化程度越高，对食品加工的要求就越高，加到食品里的非食用物质也越多。这其中有合法无害的添加剂，也有非法有毒的添加物。1906年，美国国会批准了一个重要的法案，那就是《纯净食品和药品法》，其中说到，“化学工厂中制造出来的化学合成物质与天然食物和药物相比，不仅同样无毒无害，反而会更加有效”。其中有一句话那就是“化学给人类带来了更美好的生活”。从此，现代食品添加剂走上了百姓的餐桌，中国人也一天比一天更多地把生化技术制造出来的东西吃了下去。

那程老师，您能不能给我们一个食品添加剂的科学解释？为什么会有这种物质的存在呢？

我想针对食品添加剂这个问题，我们按照：什么是食品添加剂？为什么要用食品添加剂？怎么看待食品添加剂？这样一个思路来说一说这个话题。

安全提示

食品添加剂，指为改善食品品质和色、香和味以及为防腐、保鲜和加工工艺的需要而加入食品中的人工合成或者天然物质。

首先，按照《中华人民共和国食品卫生法》第五十四条和《食品添加剂卫生管理办法》第二十八条，以及《食品营养强化剂卫生管理办法》第二条和《中华人民共和国食品安全法》第九十九条，中国对食品添加剂定义为：为改善食品品质和色、香和味以及为防腐、保鲜和加工工艺的需要而加入食品中的人工合成或者天然物质。

哦，原来是这样。那程老师，我们可以看到啊，不同类的食品添加着各式各样的添加剂，它们具体又是怎么分类的呢？

全球有 25 000 种食品添加剂，其中美国有 2900 种添加剂，日本有 1100 种添加剂，欧盟有 1500 种添加剂，我们国家也有 2300 种食品添加剂。经常食用的就有 1000 种（图 3-1）。各个国家对于食品添加剂的分类标准也是不一样的。一般来说呢，是根据增味、防腐、保湿、乳化、膨松、抗氧化等几项基本功能来划分的。

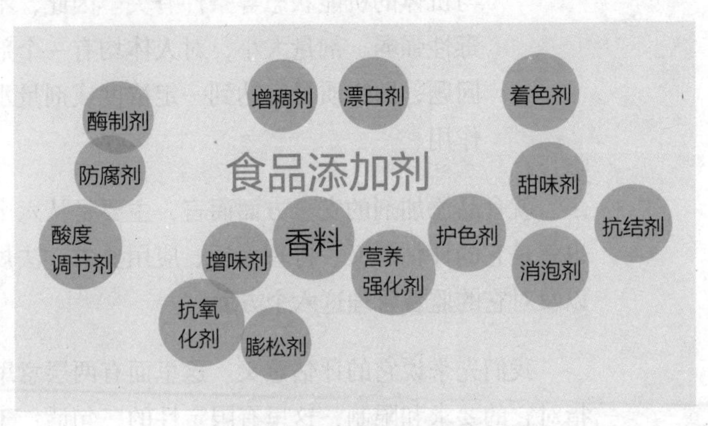

图 3-1　常见的食品添加剂

天呐，这么多种添加剂啊。但您看啊，其实咱们老百姓对添加剂一直有一种误解，觉得它并非物质本身所有，加入食品后一定会影响食物本身的品质，接着便会对身体造成影响。程老师，它毕竟是添加剂，那咱们国家对食品添加剂的安全方面具体有什么要求呢？

安全提示

控制好食品添加剂的使用量，就不会对身体造成伤害。

食品添加剂的安全使用是非常重要的。理想的食品添加剂最好是有益无害的物质。食品添加剂，特别是化学合成的食品添加剂大都有一定的毒性，所以使用时要严格控制使用量。食品添加剂的毒性是指其对机体造成损害的能力。毒性除与物质本身的化学结构和理化性质有关外，还与其有效浓度、作用时间、接触途径和部位、物质的相互作用与机体的机能状态等条件有关。因此，不论食品添加剂的毒性强弱、剂量大小，对人体均有一个剂量与效应关系的问题，即物质只有达到一定浓度或剂量水平，才显现毒害作用。

就食品添加剂的安全方面而言，主要是从六个方面来考量的，也就是它的评估意义、毒理分析、应用要求、法规标准、审批程序以及对它的监督管理这六个方面。

我们先来说它的评估意义。这里面有两层意思，第一层意思是指对它的要求和限制，这里有限定性的三句话：①它不是食品固有的成分；②它不是食品加工主料；③它是具有科学目的的配料。第二层意思也有三句话：①是对它的毒性大小进行评估；②对它的使用剂量进行评估；③对它的适用范围进行评估。

在对它进行评估之后就要对食品添加剂进行毒理分析。分析主要是从它的急性毒性、遗传毒性、亚慢性毒性以及它的慢性毒性的顺序来进行的。如果它有这些毒性的话，它就不能进入添加剂的目录。

同时对添加剂的应用有明确的要求。具体体现在对它的明确的限量，也就是对它的日允许摄入量和最大使用量两个方面。

在对食品添加剂的管理上，我们国家有许多的法规标准（表3-1）。

表 3-1　我国历年出台的食品添加剂法规标准（以第一次颁布时间为准）

年份	法规标准名称
1954	《食品中使用糖精剂量的规定》
1957	《酱油使用防腐剂问题的通知》
1965	《食品卫生管理试行条例》
1979	《食品卫生管理条例》
1983	《食品用化工产品生产管理办法》
1986	《食品营养强化剂卫生管理办法》
1993	《食品添加剂卫生管理办法》
1995	《中华人民共和国食品卫生法》
2001	《食品添加剂卫生管理办法》
2002	《食品添加剂生产企业卫生规范》
2009	《中华人民共和国食品安全法》
2007	《食品添加剂使用卫生标准》
1994	《食品营养强化剂使用卫生标准》
2003	《食品安全性毒理学评价程序》
2011	《食品添加剂卫生使用标准》
2014	《食品安全国家标准 食品添加剂使用标准》

看来我们国家对食品添加剂的安全要求很细化啊。朋友们应当科学地认识食品添加剂。

正如我前面说的“化学给人类带来了更美好的生活”，科学合理地使用添加剂，不仅让我们吃得安全放心，色香味的改善也会让我们吃得更快乐开心。

从全球来看，加强添加剂的产品开发，提高添加剂的生产技术，细化添加剂的标准，加强添加剂的监管，这是一个大的趋势。

好的，谢谢程老师。我们知道了食品添加剂“是什么”，下期节目我们就一起看看“为什么”使用食品添加剂。

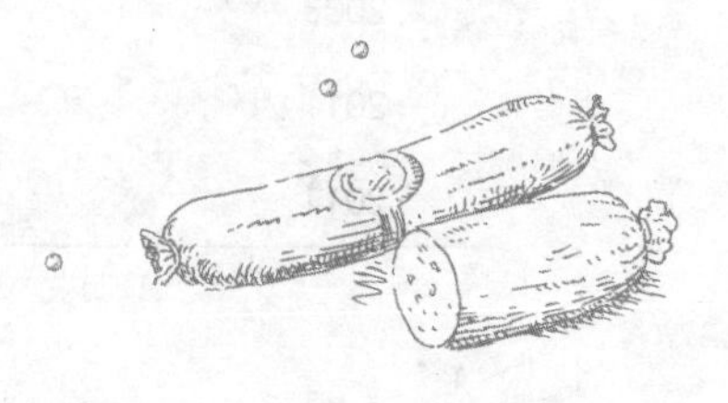

1-4

你所不了解的食品添加剂（二）

随着我国经济的高速发展，人民生活水平的不断提高和生活节奏的不断加快，人们对食品提出了越来越高的要求。一方面要求食品营养丰富，色、香、味、形俱佳，另一方面要求使用方便，清洁卫生，无毒无害，确保安全。但是，目前少部分食品生产企业，为了达到某种私利目的而存在滥用食品添加剂的现象，极大地危害消费者的身体健康。人们对食品短缺的担忧，已被对食品的安全恐惧所替代，食品添加剂，特别是合成食品添加剂，使人谈“剂”色变。一些厂家趁机造势，打出“纯天然”“不含任何防腐剂”等标签，搅乱了人们脆弱的神经，影响着我国食品工业的发展。但其实，食品添加剂的使用是人类饮食文化进步的表征。食品工业越发展，人民生活水平越提高，使用食品添加剂品种越多。

上期节目中我们对食品添加剂有了初步的认识，本期节目我们继续这个话题，了解食品添加剂的功能，消除人们对食品安全恐惧心理。

程院长，我们上次跟大家一起讨论了一样我们的观众朋友们既熟悉又陌生的东西，那就是什么是食品添加剂。

对，是的。

我们知道，这个食品添加剂已经充斥了我们的生活，我们去超市购买食品的时候，会在几乎所有食品包装的配料表中看到食品添加剂的身影。那程老师，您能不能给我们说说，为什么食品添加剂会被如此广泛地应用于我们的食品当中？

关于什么是食品添加剂，我们在前面已经给大家介绍过了，今天我们说一说为什么使用食品添加剂。

在我们生活的地球上，人口增长对物产资源的要求是：一是要够用，即量的问题；二是够用的基础上要用好，即质的问题。当百姓吃饱、生活水平越来越好时，对食品的要求就会越来越高。

所以呢，为了能让食物保质时间更长一点，花色品种更多一点，感官指标更好一点，营养价值更高一点，工业生产更方便一点，满足人群更广一点，食品添加剂就出现在了我们的餐桌。这就是我们所说的食品添加剂对食品的防腐保鲜、调色护色、结构改良、调味增香、营养强化等功能。

我相信不只是我，很多人都不知道食品添加剂会有如此多的功能，程老师，请您给我们简单介绍一下食品添加剂的这几种功能吧。

食品添加剂大大促进了食品工业的发展，并被誉为现代食品工业的灵魂，这主要是它给食品工业带来许多好处，其主要作用大致如下：

一是防止变质，例如：防腐剂可以防止由微生物引起的食品腐败变质，延长食品的保存期，同时还具有防止由微生物污染引起的食物中毒作用。又如：抗氧化剂则可阻止或推迟食品的氧化变质，以提供食品的稳定性和耐藏性，同时也可防止可能有害的油脂自动氧化物质的形成。此外，还可用来防止食品，特别是水果、蔬菜的酶促褐变与非酶褐变（图 4-1）。这些对食品的保藏都是具有一定意义的。

防腐保鲜（营养组成：%）

食品	碳水化合物	蛋白质	脂肪
水果	87～97	2～8	0～3
蔬菜	50～85	15～30	0～5
鱼	少量	70～59	5～30
禽	少量	50～70	30～50
蛋	3	51	46
肉	少量	35～50	50～65
乳	38	29	31

图 4-1　常见食物的营养组成

二是改善感官，适当使用着色剂、护色剂、漂白剂、食用香料以及乳化剂、增稠剂等食品添加剂，可以明显提高食品的感官质量，满足人们的不同需要。

三是提高营养价值，在食品加工时适当地添加某些属于天然营养范围的食品营养强化剂，可以大大提高食品的营养价值，这对防止营养不良和营养缺乏、促进营养平衡、提高人们健康水平具有重要意义。

四是方便供应，增加品种和方便性，市场上已拥有多达 20 000 种以上的食品可供消费者选择，尽管这些食品的生产大多通过一定包装及不同加工方法处理，但在生产工程中，一些色、香、味俱全的产品，大都不同程度地添加了着色、增香、调味乃至其他食品添加剂。正是这些众多的食品，尤其是方便食品的供应，给人们的生活和工作带来极大的方便。

安全提示

食品添加剂有防止变质、改善感官、保持提高营养价值、方便供应、方便食品加工的作用。

五是方便食品加工，在食品加工中使用消泡剂、助滤剂、稳定和凝固剂等，可有利于食品的加工操作。例如，当使用葡萄糖酸 -δ- 内酯作为豆腐凝固剂时，可有利于豆腐生产的机械化和自动化。

还有一些其他特殊需要，食品应尽可能满足人们的不同需求。例如，糖尿患者不能吃糖，则可用无营养甜味剂或低热能甜味剂，如三氯蔗糖或天门冬酰苯丙氨酸甲酯制成无糖食品供应。

食品添加剂的第一个功能就是防止变质，跟我们具体谈谈食物保鲜吧。

食物中有许多微生物，它们更愿意在高蛋白的环境中，我们要保持食物的鲜美，就必须杀死或者抑制这些微生物的生长繁殖，我们的方法有许多，比如：

加热：绝大部分微生物会在高温的环境下被杀死，我们有“常压杀菌”“加压杀菌”“微波杀菌”“超高温瞬时杀菌”等，但是许多食品是不能用这种方法的，那么就用干燥的方法。

干燥：有喷雾、热风、泡沫、真空等方法，比如生活中的糖渍、醋渍、盐渍等方法，就属于干燥保鲜的方法。

程老师，你说的醋渍、盐渍等方法，就是用醋和食盐把食物泡起来，比如醋泡菜、腌咸鸭蛋。

你说得太对了。你说说还有什么保鲜的方法吗？

冰箱啊。

对，我们叫冷藏保鲜，一般微生物的生长和繁殖的适宜温度是20～40℃，10℃以下就难以生长和繁殖，－18℃时，绝大部分微生物就不再生长了。

还有一种保鲜方法是辐照，就是用伽马射线或电子流等放射线照射，全球批准的辐照食品有近千种，我们国家批准的也有几十种，比如：杏仁、扒鸡、熟肉、果脯、花生、土豆等。

因为许多食品，特别是加工食品是不能用以上说的“加热”“干燥”“冷藏”“辐照”等方法来保持更长时间的，那就必须用添加保鲜剂、防腐剂的方法来延长食品的可使用期限。

我一直觉得食品添加剂的调色功能特别神奇。

我们知道，颜色是人类的第一感观，颜色对人类的饮食也很有影响，这个功能的添加剂主要有食用色素和发色漂白剂。

程老师，这个我知道。我曾经看到过一个实验，说是把一块湿巾浸入一杯带有颜色的饮料中，这个湿巾立马变成那个饮料的颜色，而那杯饮料的颜色逐渐变淡。

嗯，这个就是饮料中添加了食用色素，来给食品饮料增添颜色。许多天然食品具有本身的色泽，能促进人的食欲，增加消化液的分泌，因而有利于消化和吸收，是食品的重要感官指标。但是，天然食品在加工保存过程中容易退色或变色，为了改善食品的色泽，人们常常在加工食品的过程中添加食用色素，以改善感官性质。

程老师，那这食用色素对人体会有危害吗？

还是那句话，只要不超过限量，对人体不会构成危害。

那您说的那个发色漂白剂是指什么呢？

这个发色漂白剂是在食品加工过程中，与食品中某些成分作用，使制品呈现良好色泽的一种物质。在我们的肉类和果蔬面粉中都会用到。

嗯，那结构改良的食品添加剂又是什么意思？

这个也很简单，我给你举个例子。近几年一些高档的酸奶，你有没有发现有什么特点?

一个字：稠。

那就对了，这些高档的酸奶中都添加了一种起结构改良作用的食品添加剂，那就是增稠剂（图 4-2）。

图 4-2　添加增稠剂的酸奶

哦，原来这又跟食品添加剂有关系啊，这么强大。

起结构改良作用的食品添加剂除了增稠剂，还有乳化剂、抗结剂，面包里的膨松剂，还有水保剂、稳定剂、凝固剂、基础剂等。

下一种就是起调味增香的食品添加剂了。

对，王君，你能不能举出一个起调味增香作用的食品添加剂？

我想想……香精。

嗯，不错。香精还是比较具有代表性的。香精是香料加溶剂而制成的。我再问你一个？

好的。

你知道你们女孩子经常用的香水是怎么回事吗？

哎呀，这个我还真不知道。不会又跟食品添加剂有关系吧？

香水是香精加酒精制成的。

真的啊？跟着您，我又长见识了。程老师，最后一个是营养强化，顾名思义就是强化营养了，哈哈，我好聪明，这个解释是不是很准确。

准确，呵呵。营养强化剂是指为增强营养成分而加入食品中的天然或者人工合成的属于天然营养素范围的添加剂。强化食品有原料食品、烹调用料、儿童食品、配方食品等。

好了，非常感谢我们的程老师。我们下期接着聊食品添加剂的那些事儿，再见。

1-5

你所不了解的食品添加剂（三）

随着我国食品工业的大力发展，市场经济的激烈竞争，我们面临着一个新的课题：食品安全问题。食品安全是目前公共健康面临的最主要威胁之一。目前一些食品生产企业，为了追求高额利润，以次充好，或为了达到某一指标要求，滥用食品添加剂或超量使用食品添加剂。比如，生产奶粉原料中加三聚氰胺；抗生素、激素等有害物质存在于禽、畜、水产品；病死畜禽加工熟肉制品；用“地沟油”加工油炸品；面粉中超量添加增白剂；腌菜中超量使用苯甲酸；饮料中超标使用化学合成甜味剂；为使馒头、包子增白使用二氧化硫；为使海产品增韧、增亮、延长保存期使用苯甲醛浸泡；为改善米粉、腐竹口感使用“吊白块”；“瘦肉精”中毒事件。其他质量安全事故也频频发生，广东的有毒大米事件，河北等地发生火锅加入罂粟壳事件，河南、青岛等地发生给大米添加矿物油及人工合成色素事件等等，这使消费者身心受到伤害，以致“谈食色变”，产生“吃”的安全恐惧心理，吃什么都不放心，都不安全。食品安全恐惧不消除，将严重影响我国食品行业的发展。重视食品安全，已成为衡量人民生活质量、社会管理水平和国家法制建设的一个重要方面。

食品添加剂有其作为必需品的功能和特点，但是消费者要学会甄别，不能食用不合法的食品添加剂，本期节目来帮助大家如何正确看待食品添加剂。

程老师，通过前面两期的讨论，我发现食品添加剂并不像传言的那样，它不仅没有给我们带来危害，反而是给我们的饮食生活增添了很多色彩。

是的，你说得很对，正因为有了食品添加剂的发展，才有了大量的方便食品，才给人们的生活带来了极大的便利，让我们的食物更加美味，让我们的生活更加美好。

如果没有食品添加剂，许多食品要么很难看、要么很难吃、要么很难保鲜、要么价格昂贵、要么因快速腐败而加大经济损失。但是，食品添加剂却背了很多黑锅，我认为，这些都是因为人们无法正确分辨什么是合法的食品添加剂？什么是非法食品添加物？

那近些年，应该是有很多食品添加剂背了黑锅。

就像苏丹红、三聚氰胺等一批物质，它们是被国家列入食品非法添加物名单的，却让食品添加剂背了黑锅，你说食品添加剂冤不冤？

那食品添加剂和非法添加物到底怎么区别呢？

是这样的，我们国家规定，只有符合相关标准的才可定义为合法的食品添加剂，条件见图 5-1。

合法的食品添加剂标准
• 能够保持或提高食品本身营养价值
• 作为某些特殊膳食用食品的必要配料或成分
• 提高食品的质量和稳定性，改进其感官特征
• 便于食品的生产、加工、包装运输或贮藏等实际情况

图 5-1 合法的食品添加剂标准

另外，只有在能够保持或提高食品本身营养价值；作为某些特殊膳食用食品的必要配料或成分；提高食品的质量和稳定性，改进其感官特性或便于食品的生产、加工、包装、运输或者贮藏等实际情况下添加剂的使用方能被认可。

其他一切没有被国家列入合法食品添加剂范畴内的食品添加物均视为非法添加物。如豆制品中的吊白块；乳制品中的三聚氰胺；红心鸭蛋中的苏丹红，这些物品是国家明令禁止在食品生产中添加的。

那就是国家有明文规定的，在这个范畴内的就属于合法的，不在这个范畴内的就属于非法的。

可以这么说。

那我国对食品添加剂如何合理使用有没有明确的规定或者标准？

安全提示

食品添加剂和非法添加物是不一样的，非法添加物才会影响身体健康。

这个当然是有的！食品添加剂应该在限量标准内合理的使用，食品添加剂最重要的是安全问题，要进行一定的安全性评估，目的是确定食品添加剂在食品中无害的最大剂量。大家可以参考国内外食品添加剂使用规范和限量标准（表 5-1）。

表 5-1　糖精钠允许使用品种、使用范围以及最大使用量或残留量

食品分类号	食品名称	最大使用量（g/kg）	备注
03.0	冷冻饮品（03.04 食用冰除外）	0.15	03.04 食用冰除外。以糖精计
04.01.02.02	水果干类（仅限芒果干、无花果干）	5.0	仅限芒果干、无花果干。以糖精计
04.01.02.05	果酱	0.2	以糖精计
04.01.02.08	蜜饯凉果	1.0	以糖精计
04.01.02.08.02	凉果类	5.0	以糖精计
04.01.02.08.04	话化类	5.0	以糖精计
04.01.02.08.05	果糕类	5.0	以糖精计
04.02.02.03	腌渍的蔬菜	0.15	以糖精计
04.04.01.05	新型豆制品（大豆蛋白及其膨化食品、大豆素肉等）	1.0	以糖精计
04.04.01.06	熟制豆类	1.0	以糖精计
04.05.02.01.01	带壳熟制坚果与籽类	1.2	以糖精计
04.05.02.01.02	脱壳熟制坚果与籽类	1.0	以糖精计
12.10	复合调味料	0.15	以糖精计
15.02	配制酒	0.15	以糖精计

程老师，还有一个问题，我看到一些食品宣称自己不含任何食品添加剂，或者不含任何防腐剂，对这个您怎么看？

从目前全球范围来看，因食用致病微生物污染的食品引发的疾病，是全世界食品安全的第一大问题，如果不使用食品添加剂，比如防腐剂、保鲜剂等，与我们生活密切相关的肉制品、烘烤食品、方便食品、水果，甚至我们的酱油、醋等调味品很容易被致病微生物污染，从而引发食品安全问题，危害我们的健康。我们有些人不喜欢食品添加剂这是带有一种传统的情结，你想一想，那些号称不含防腐剂的食品，一旦开封食用后，更容易受到污染和变质。其实，从现在已知的资料表明，我国重大食品安全事件没有一起是由于合法使用食品添加剂而造成的。

目前，我国使用的食品添加剂有几百种，绝大部分食品生产企业能正确、科学、合理地使用，还存在一些什么问题呢？

1. 滥称食品添加剂。把一些不是食品添加剂的物质说成是食品添加剂，用化工原料冒充食品添加剂。

2. 超出国家允许范围使用食品添加剂。由于某些企业技术力量薄弱，对食品添加剂的安全使用不甚了解，误认为食品添加剂可以运用于任何食品中，从而造成了食品的质量问题。

3. 超量使用国家允许使用的食品添加剂。某些企业为了达到食品保质期长、色泽好的目的，违规、超标加大食品添加剂的使用量，给消费者健康带来危害，特别是防腐剂、抗氧化剂、面粉处理剂、高倍甜味剂和部分合成色素超标使用问题比较严重。

4. 滥用食品添加剂。使用人工合成的低档、劣质添加剂，冒充天然产品，以次充好，用工业试剂冒充食品级添加剂。

5. 使用方法不科学。相当一部分中小食品加工企业因技术力量薄弱，缺乏正确使用食品添加剂的知识，错误使用食品级添加剂，结果使食品质量下降，或产生对人体健康有害的物质。例如把山梨酸钾加入豆浆中，就是一个典型的例子。

6. 标识混乱。国内部分食品企业生产的食品，标签上只标注产品主要成分，不标注食品中添加剂成分及含量，还有的食品生产厂家，竟在广告或标签的醒目处印上“本产品绝对不含任何食品添加剂”，来标榜自己的产品安全无害，给消费者提供错误信息，误导消费者。

7. 食品添加剂产品质量差或不稳定。随着食品工业的发展，为了满足对食品添加剂的需求，有的企业盲目上马，由于技术条件差，管理不善，产品质量不过关，结果造成整个食品添加剂行业总体信誉度不高。

作为消费者，我们还需要注意些什么呢？

首先，正确使用食品添加剂是有益的。所谓正确使用就是严格按照国家有关标准和规定使用，如果不使用食品添加剂，例如食用防腐剂，而致食物腐败变质，产生黄曲霉菌，才真会对人体健康带来伤害。可以说，一些食品离开了添加剂就无法达到应有的质量。

其次，天然品不等于安全，合成品不等于有毒。不要盲目迷信“纯天然”食品。食品的优劣，不能以所含成分是天然生成还是人工合成来衡量，天然物质并非全部是无害的，人工合成物质也并非都会有损健康。比如：人类食用的动植物，有些本身就含有有害的物质；欧美一些国家对我国的中草药就不认可；用于生产食品的油脂、调味品、面粉等原料本身就已经含有合成防腐剂；人类大量服用的西药都是合成化学品。使用的食品添加剂只要是符合国家标准，就是安全的。超量使用，即使是天然的，也可能适得其反。

安全提示

正确使用食品添加剂是有益的；天然品不等于安全，合成品不等于有毒。

那食品加工企业，需要怎么做呢？

食品加工企业在选用食品添加剂时，首先要充分了解我国政府制定的有关食品添加剂的卫生法规，并严格执行。其次，选用的食品添加剂必须符合以下原则：①添加剂不能破坏食品的营养素，不能影响食品的质量及风味；②使用方便安全，符合相应的质量指标，不产生有毒有害物质；③使用于食品中，能分析鉴定出来；④不得掩盖腐败变质食品的缺陷。

安全提示

食品加工企业要严格按照国家标准使用食品添加剂。

那我国和其他国家对食品添加剂的规定标准一样吗？

世界各国允许使用的食品添加剂的品种、适用范围和用量标准并不是统一的，虽然我国和其他国家的规定标准略有不同，但遵循的原则都是：使用食品添加剂是为了安全。我国食品出口他国，国外食品进口我国，都要符合当地的食品添加剂标准，我们听到食品进出口不合格，就是食品添加剂标准不同导致的。

好，非常感谢我们的程老师。食品添加剂其实是一种合法的，有利于我们生活的东西，我们应该以一种正确的眼光去看待食品添加剂。

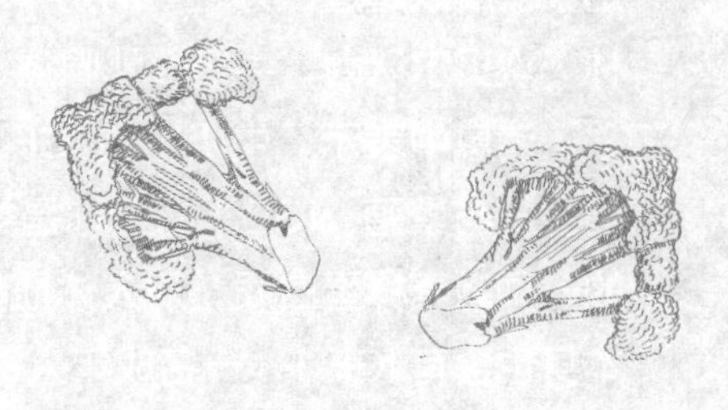

牛奶真的致癌吗?

一则“喝牛奶致癌”的消息在微信朋友圈广泛流传，并引发了不小的轰动。这则消息是这么说的：“太可怕了，以后再也不喝奶了。科学家终于找到牛奶致癌及糖尿病的确实证据：①没有一种动物是过了哺乳期还终身喝奶的，而且还喝别的物种的奶；②看到奶牛能长期产奶的真实原因，你还敢喝牛奶吗？你还忍心喝牛奶吗？千万不要把牛奶、酸奶当好东西了。”美国国家癌症研究所最近的研究发现：雌性激素、雄性激素和胰岛素的生长因子就是牛奶内的主要致癌物质。加拿大的肿瘤专家建议：除了那些发展中国家的儿童和营养不良的成人，一般人并不需要喝太多牛奶。还有人认为，“人是只有怀了小孩才会产奶的。但牛跟人一样都是哺乳动物。哺乳的意思就是为了哺育下一代才有乳汁。所以奶牛一直产奶只有一个原因就是不停地怀孕生小牛，但并不是所有奶牛在任何时候都能怀上孕。现代农场的解决方法是给奶牛打高剂量的荷尔蒙，让其不自然泌乳——那段新闻所说的“各种激素”就是这样来的。现代奶牛从两岁开始就有九个月的时间用于怀孕。小牛出生后就会被关进小木箱并喂以毫无营养的饲料，不能动弹，以保证人们餐桌上小牛肉的精瘦嫩滑。而牛妈妈就被千方百计挤出一头小牛所需的十倍以上的奶量。所以超过三分之一的奶牛都患有乳腺炎。美国康奈尔大学终身教授柯林·坎贝尔认为，牛奶致乳腺癌、卵巢癌、前列腺癌、大肠癌等系列癌症。

消息中表示，牛奶中的 IGF-1（类胰岛素一号增长因子）可以刺激癌细胞生长与繁殖。IGF-1 的全称是类胰岛素一号增长因子，它是生物自身分泌的一种激素样蛋白质，对人体血糖控制、生长发育等方面有重要作用。人体本身也含有 IGF-1，一名成年人每日体内的生成量为 10^7ng。

但具体情况又是如何呢？这种现象该如何科学合理地解释呢？让我们跟随程院长的专业解读，探索“牛奶致癌”的真相。

程老师，最近我在朋友圈看到一个说法，竟然说“牛奶都能致癌了”？太不可思议了，那这牛奶致癌到底是无稽之谈还是言之凿凿呢？

牛奶致癌这个事情我也听说了。要说牛奶是否真的致癌，我们不妨从前些年的几项牛奶致癌的研究报道说起。其实有关“牛奶致癌”传播比较广泛的主要有两种说法：激素致癌和酪蛋白致癌。

这让我想到了前不久我朋友对我说的话：“奶牛只有在怀孕的时候才会产奶，但并不是所有奶牛在任何时候都能怀上孕。现代农场的解决方法是给奶牛打高剂量的荷尔蒙，让其不自然分泌乳汁。”当时我就懵了。

你朋友说的内容跟我刚才说的激素致癌有些联系。激素致癌，是来源于美国国家癌症研究所的一项研究，这项研究指出，奶牛是靠打高剂量的激素产奶的，而雌激素和雄激素就是牛奶内的主要致癌物质，同时牛奶中的 IGF-1 也易致癌（图 6-1）。”

IGF-1：全称叫做类胰岛素一号增长因子。IGF-1 也被称作“促生长因子”，是一种在分子结构上与胰岛素类似的多肽蛋白物质。具有降血糖、降血脂、舒张血管、促进骨的合成代谢、促进生长和创伤修复的功能。

图 6-1　IGF-1

那么到底是不是真的打激素产奶呢？若真的打激素产奶的话，那最多也可能会给奶牛打的是生长激素。而早在 1994 年，美国

FDA（美国食品药品管理局）批准使用重组牛生长激素（rBGH），可以用于促进奶牛产奶，最高可增产 15% ~ 20%。在这种牛奶里面 IGF-1 的含量也随之增高（可能不是同比率增长，但确实增长了）。

牛奶里面的 IGF-1 对人体有没有危害呢？

IGF-1 在加热、消化、吸收后，到达人体内已不具备生物学活性。因此，牛奶中的 IGF-1 对于人体不构成健康威胁。此外，美国 FDA 以及世界卫生组织和联合国粮农组织的食品添加剂联合专家委员会都一致认为："并无证据说明 IGF-1 致癌"。

安全提示

牛奶中的类胰岛素一号增长因子并不会对人的健康造成危害，并没有明确证据证明其会致癌。

这下我们大家可以暂时放心了。我们说关于牛奶致癌传播比较广泛的有两种"激素致癌"和"酪蛋白致癌"。激素致癌您已经跟大家分析清楚了，而"酪蛋白致癌"的说法到底是不是真的呢？那这酪蛋白到底是什么（图 6-2）？

酪蛋白是哺乳动物包括母牛，羊和人奶中的主要蛋白质。牛奶的蛋白质，主要以酪蛋白为主，人奶以白蛋白为主。酪蛋白是乳中含量最高的蛋白质，目前主要作为食品原料或微生物培养基使用。

图 6-2　酪蛋白

“酪蛋白致癌”的说法是来自于美国康奈尔大学的柯林·坎贝尔教授，我们简称KK教授吧，他有一项很有名的“大鼠实验”。

KK教授用两组老鼠，通过致癌物黄曲霉毒素使其体内产生肝脏肿瘤。其中一组用只含植物蛋白的饲料喂养，另一组吃只含牛奶酪蛋白的饲料。最后发现，植物蛋白组老鼠的病情没有变化，而酪蛋白组老鼠的病情明显恶化（图6-3）。

图6-3　喂养植物蛋白和酪蛋白的小鼠实验对比图

因此，就有了后来“实验证明，牛奶中的酪蛋白会导致癌症，加速癌细胞扩散”的说法。

做过科学研究的人肯定知道，此实验结论并不科学。

首先，KK教授选用的是用大剂量的黄曲霉毒素（一种强致癌物）诱导出的患癌大鼠，而黄曲霉毒素本身就是剧毒的致癌物，由此得出来的结果，或者说有限结论还有待商榷。其次，科学结论光靠大量的动物实验而缺少人体临床实验数

安全提示

牛奶中的酪蛋白会致癌，加速癌细胞扩散这种说法并不科学。

据是很难有说服力的。

另外 KK 教授的实验中，大鼠喂食的是大剂量的 100% 的酪蛋白，而我们平时喝的牛奶中，每 100ml 酪蛋白含量不到 3%，远远达不到实验中的剂量。

牛奶致癌并不是言之凿凿，以上两种致癌学说的实验结果并不被世界上更多的科学家所接受，因此是不可信的。其实喝牛奶有很多好处的。牛奶可以补钙，有大量研究证实，牛奶是补钙的有效手段，对于骨质疏松的预防很有帮助，还可以美容养颜等。

对，营养学界一般建议每日钙摄入量 800mg。一般膳食中钙的摄入量大约只有 300 ~ 400mg 左右，而喝牛奶能保证获得更多的钙。

那关于喝牛奶，程老师有没有什么特别要跟大家说的呢？

第一，至少目前地球上的奶牛产的奶和目前科技的研究水平能够充分说明，喝牛奶是不会致癌的。第二，牛奶也不是喝得越多越健康，中国居民膳食指南建议，成年人每日饮奶 300g，有条件的可喝到 500g；你如果有乳糖不耐受，建议少喝纯牛奶，可以用酸奶、奶酪等乳制品。

安全提示

喝牛奶可以补充人体每日必需的钙。

好的，非常感谢程老师，程老师的建议大家记住了吗？喝牛奶是不会致癌的，但牛奶也不是喝得越多越健康，还是得由自己的体质而定。

安全提示

牛奶虽有益，但也要依据个人体质而定。切不可忽略个人体质特征而过量摄入。

1-7

生鲜奶更健康吗?

随着“原生态”“环保”等理念在食品领域深入人心,很多喜欢喝牛奶的人对号称“纯天然”“无添加”的“生鲜奶”比较青睐,这种所谓的“生鲜奶”以“现挤”为宣传点,强调更有营养。我国某些地方习惯喝生牛奶,有些小贩在街头直接贩卖的现挤生牛奶更是大受欢迎。同时在淘宝上搜索“生鲜奶”关键词时,会发现有不少卖家都在销售现挤鲜奶,主要包括牛奶和羊奶,零售价普遍在每千克 20 多元。这些店家的宣传页面上大多都配有奶牛照,并称从农场现挤。根据宣传内容,这些“生鲜奶”都是从农场上现挤的,买回家以后需要煮沸饮用。“奶味相对于巴氏奶会更香更浓、口感更佳,煮开后满屋子都飘着奶香味。”“能结厚厚的奶皮,含不饱和脂肪酸,不胖人。”在宣传自家现挤生鲜奶的同时,还强调了普通牛奶的不可靠性。“老外喝的都是鲜牛奶,但进口回来的都经过深加工,能摆放一年,还不如国内的牛奶。”牛奶的价格在每升 30 元左右,不到 30 天时间内,牛奶就卖出去了几十件。

按照国家食药监总局发布的《关于加强现制现售生鲜乳饮品监管的通知》,现制现售生鲜乳饮品的经营者要具有稳定、可靠的奶源和杀菌、冷藏等设备,并取得《餐饮服务许可证》后方可经营。现在市面上的小商小贩由于没有完善的养殖体系以及消毒杀菌和运输的体系,将一些散装生鲜奶直接销售给消费者,这样的行为显然不符合规定。那这样不合规定的行为,会对我们的健康带来哪些严重的后果呢?让我们听听程老师的专业解读,这些看似新鲜无添加的美味“生鲜奶”是否真如传说中那么健康?

程老师，最近看到这样一则新闻，说是大连一对母子相继得怪病，反复发热数月一直查不出原因，后经大连市疾控中心确认两人得了布鲁氏菌病。据了解，患病母子喝新鲜羊奶已经一年多了，专家判定两人患布鲁氏菌病与此有关。记者调查发现，很多市民有喝生鲜羊奶的习惯，由于这些羊奶大多未经检验检疫，容易感染布鲁氏菌。

程老师，布鲁氏菌病是怎么回事？不是都说生鲜奶更健康吗？为何他们却喝出了毛病？

先跟大家说说这个布鲁氏菌病（图 7-1）。

布鲁氏菌病（Brucellosis）

又称布鲁菌病、地中海弛张热、波浪热或波状热，这是一种由布鲁氏杆菌（Brucella，简称布氏菌）侵入人体而导致的传染性疾病，通常人们直接简称它为“布病”。

图 7-1　布鲁氏菌病

第一，首先说它在哪儿：布鲁氏菌一般寄生在牛、羊、狗、猪等动物体内，所以，患病的羊、牛等动物是布鲁氏菌病的主要传染源。

第二，再说它通过什么传播：布鲁氏菌可以通过破损的皮肤黏膜、消化道和呼吸道等途径传播，而且这种病还可以传染给其他人，由于人类有时候会跟这些动物接触，所以，人类也很容易被这些感染的动物传染。

一般来说，在养殖业发达的农区和牧区，这种疾病很容易发生，因为这些地方往往有更多的动物，给布鲁氏菌的传播提供了有利条件。也正因如此，在牧场或屠宰场等地方工作的人，包括兽医等，被感染风险也很高。需要警惕的是，近年来这种病在城市的一些地方也有发生。布鲁氏菌病在一年四季都可能发生，但主要与羊、牛的流产关联性较强，所以布鲁氏菌病的发病高峰在3~8月。

安全提示

接触动物的分泌物，或进食受感染的肉类、奶制品容易感染布鲁氏菌病。

现在的研究表明，人可以通过接触受感染动物的分泌物，或进食受污染的肉类、奶制品等而被感染。

感染了布鲁氏菌病的表现有以下几点：

第一，布鲁氏菌病没有特定的症状和体征。感染了布鲁氏菌病通常会出现很多跟流行性感冒相似的症状。人一旦感染，也会有发热、多汗、头疼、背痛等症状，非常像感冒；严重的还会出现关节痛及肝脾大等问题。所以，经常会被误诊为感冒，而被误诊就会耽误病情。

第二，布鲁氏菌病的潜伏期一般为5~60天，但也可能长至数月。

安全提示

感染布鲁氏菌病后要及时治疗。

第三，人感染布鲁氏菌病后，如不及时治疗，就有可能由急性转为难治的慢性布病，导致全身多个器官系统的损害，反复发作，甚至可能迁延数年、多年不愈，直至成为残疾。孕妇如果感染布鲁氏菌病还可能导致流产、死胎。

好可怕。听您说了这么多后，我想生鲜奶一定是布鲁氏菌病重灾区了。

是的。记得小时候，在小区里总有卖奶的小贩叫卖，“打奶啦、打奶啦、新鲜又好喝的牛奶来啦。”然后我身边的阿姨，叔叔，大爷，大妈就拿着自己家的空盆儿，出来打奶。近年来，生鲜散装牛奶在许多地区又火了起来，早市、小区门口等人群聚集的地方，常见三轮车、面包车、私家车装着一桶桶的生鲜奶正在售卖，不少市民十分青睐，认为价格便宜又很新鲜，而且也没有什么添加，比较健康营养。除此之外，在我国一些地方，人们都有喝生鲜奶的习惯，甚至还有在街头直接贩卖现挤的生鲜奶。

“生鲜奶”通常也叫生鲜乳（raw milk），是指没有经过杀菌、均质等工艺处理的原奶。很多人会觉得生鲜奶没有经过处理，营养价值更高。但是，科学家对比生鲜奶和经过加热杀菌的牛奶后发现，“生鲜奶”的营养价值并不会更好，与经过加热杀菌的纯奶相比，他们两者在营养及人体健康功能方面并没有显著性差异。

当然，生鲜乳也是有其独特的地方，由于未经过一些食品加工工艺的处理，“生鲜奶”的乳脂肪球较大，煮沸后会发生聚集上浮，从而带来“黏稠”“风味浓郁”，口感和香味会更好一点，所以大家会觉得更好喝。

不少人认为“生鲜奶”是“新鲜”和“原生态”的代言人、是一种很好的饮品。其实，直接饮用“生鲜奶”并不一定就比加工后的奶更能增加营养，反而存在感染布鲁氏菌病等的健康风险。

安全提示

直接饮用“生鲜奶”易感染布鲁氏菌病。

我们知道纯奶是微生物生长、繁殖的良好培养基，极易受到动物体以及挤奶环境中微生物的污染。比如，大肠杆菌、金黄色葡萄球菌、假单胞菌、真菌等，以及源于动物体的布鲁氏菌、结核杆菌等致病菌等，都在对“生鲜奶”虎视眈眈，都可能污染我们的生鲜奶。因此，如果“生鲜奶”杀菌不充分，而你又直接喝了，就很容易造成疾病的传播，其中我们今天说的布鲁氏菌病就是非常常见的一种。

程老师，对饮用生鲜奶您有什么建议吗？

总的来说，“生鲜奶”的口感和香味都是很好的。如果消毒处理不完善，就会存在较大安全隐患，尤其是儿童、老人、孕妇和免疫力低下的人群。食用处理不完善的“生鲜奶”被布鲁氏菌等病原菌感染的风险更大，最好就不要直接饮用“生鲜奶”，更不要盲目购买那些现挤牛（羊）奶，除非你对鲜奶加工很在行。而市场上卖的盒装、袋装等奶制品，都是将“生鲜奶”经过杀菌消毒等工艺制成的，经过这些工艺，生鲜奶中可能的微生物都被消灭殆尽，安全保障也高得多。

听了程老师的解读，生鲜奶，你了解了吗？为了身体健康，避免感染布鲁氏菌，一定不能直接饮用“生鲜奶”，也不要盲目购买街上的现挤牛（羊）奶。非常感谢程老师的专业解读，让我们远离“‘生鲜奶’更健康”的误区。

1-8

常温酸奶是个好产品吗？

不少人都习惯了在冰柜里买酸奶，但这两年常温酸奶异军突起，超市中越来越多的常温酸奶被摆放在普通货架上销售，而且卖得还不错，据说已逆袭成为人们走亲访友的主流之选。它们同时霸占了各大卫视的热门综艺节目。或许得益于这种大手笔的营销，这些品牌的人气、知名度也随之飞速高涨。据尼尔森数据显示，某品牌常温酸奶的市场份额同比增长 66.1%；某常温酸奶去年更是成为其公司旗下增长最快的一个单品，有报道称，其销量去年增长了 55.5% 至 115.27 亿元。那么，相较于传统的低温酸奶，常温酸奶有哪些优势获得广大商家的喜爱呢？

众所周知，低温酸奶由于含有乳酸菌菌种，需冷藏存放、保质期短，冷链运输的制约，令其销售市场也受到一定限制；而常温酸奶保质期更长、物流运输也更方便，仓储成本大幅下降，成为商家的优选也不足为奇。目前市场上的主流产品主要面对中高端消费者，比如某品牌常温酸奶便定位高端，不添加香精、色素、防腐剂，选优质牧场奶源，进口丹麦菌种发酵，已成节日赠礼的首选。而另一品牌旗下的常温酸奶今年 5 月中旬再推香草味口味，成为首创，并启用奥运版新包装，奥运期间还请来某体育运动员作代言人，以此强化产品的高品质形象。但是这种常温酸奶对我们人体有没有危害呢？常温酸奶和传统酸奶到底哪个更安全更有营养价值呢？程老师将分别对常温酸奶和传统酸奶进行专业解读，让我们能够充分了解不同类型酸奶的特点，为了让我们更好地挑选适合我们自己的好酸奶，让我们一同跟随程老师的步伐去了解和发现。

程老师，我们都知道啊，现在乳制品因含有丰富的优质乳蛋白而受到消费者喜爱，但大多数中国人有不同程度的乳糖不耐受，因此酸奶成为很多人的首选。

【科普小知识】

乳糖不耐受：牛奶是优质蛋白来源，但是牛奶中大约含有4%～5%的乳糖。乳糖是葡萄糖和半乳糖手拉手形成的，必须把它俩的手掰开才好吸收利用，乳糖酶就起到这个作用。小时候我们体内有足够的乳糖酶，但长大以后身体里的乳糖酶越来越少，于是形成“乳糖不耐受”，也就是喝鲜奶容易产生腹痛、腹胀、腹泻等症状。

是的，我们需要从乳制品中获取丰富的优质乳蛋白，针对部分人的乳糖不耐受，酸奶也许就是不错的选择。

程老师，说到酸奶，过去超市的酸奶都是摆在冷藏柜里，最近一两年，我们去超市的时候，居然有些酸奶没有放在冷藏柜里，而是放在货架上就可以直接出售。随着网购、海淘的兴起，原装进口酸奶也越来越多。我们都知道这些酸奶叫做常温酸奶，又叫“巴氏杀菌热处理酸奶”，程老师，它们到底好不好呢？

要了解这种“巴氏杀菌热处理酸奶”到底好不好，我们要先知道什么是“巴氏奶”？还有我们常听说的“巴氏杀菌”，它是以著名微生物学家巴斯德命名的。

【科普小知识】

巴氏奶：以著名微生物学家巴斯德命名。它是利用相对较低的温度杀死细菌，可以保持食物的营养与风味，常见的处理方式包括68℃ 30分钟或72℃ 30秒。在中国，巴氏奶主要指72～85℃巴氏杀菌的鲜奶，需要冷藏，保存期很短。

不过广义的巴氏杀菌是温度和时间的组合，温度越高、时间越短。比如在美国UHT（超高温灭菌技术）也算巴氏灭菌技术，因此美国人认为他们90%以上的奶都是巴氏奶。

嗯，原来是这样的。那么常温酸奶和传统酸奶，哪一个更好、更安全呢？

在谜底揭开之前，我想先跟大家介绍一下，传统的酸奶是怎么做出来的。做酸奶的第一个主要环节是，首先需要对原奶进行巴氏杀菌。由于巴氏杀菌不能将所有细菌全部杀死，因此就有了第二个重要的环节就是，需要立即加入发酵用的乳酸菌菌种（图8-1）。乳酸菌凭借数量优势可以迅速“占领阵地”，避免巴氏杀菌的漏网之鱼繁殖壮大，导致牛奶变质。

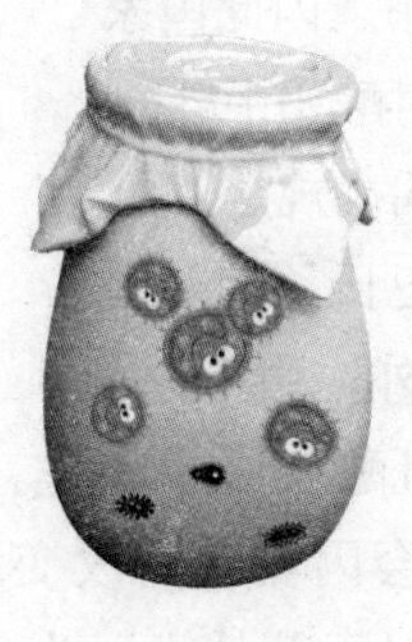

图8-1　原奶当中加入乳酸菌菌种

在乳酸菌发酵完成后，就进入第三个环节，那就是需要给酸奶降温，让乳酸菌停止生长和产酸，否则不断产生的乳酸会把乳酸菌噎死，这也是你前面说的，以前在超市里看到的酸奶为什么要放在冷柜的原因。

传统的酸奶需要保持低温，以此维持乳酸菌的活力，它们的保质期也很短，一般只有几天至十几天而已。在我国广大农村和三四线城市，冷链不完善、物流相对不发达，传统酸奶哪经得起这种折腾？

安全提示

传统酸奶需要保持低温，且保质期较短。

经不起这种折腾，于是“巴氏杀菌热处理”酸奶应运而生，解决了这个问题。那“巴氏杀菌热处理酸奶”怎么做出来的？

其实“巴氏杀菌热处理”是两个工艺或工序的结合，巴氏杀菌是指发酵前对原奶灭菌，而热处理指发酵完成后的再次灭菌。因此国家标准里面对酸奶中乳酸菌的量有明确规定，但特别注明巴氏杀菌热处理酸奶除外。由于杀死了“活的乳酸菌”，因此它的口味不会因储存而改变，和“超高温灭菌技术”生产的盒

安全提示

“巴氏杀菌热处理”酸奶保质期长，对仓储、运输和货架期对冷链的要求较低。对广大农村和三四线城市的消费者较为方便。

装奶一样，它可以在常温下存放数月。这不但使得产品可以长途运输，也降低了仓储、运输和货架期对冷链的要求，成本也就更低。所以“巴氏杀菌热处理”和一般人理解的“巴氏奶”是两码事。

程老师，那“巴氏杀菌热处理酸奶”和传统酸奶到底哪种奶更好，您就别卖关子了。

常温酸奶为我们生活提供了极大的方便，尤其是对于老人和恢复期的患者，喝酸奶更容易消化，肠胃刺激会小一些。其次，它的安全风险更小，环境适应性更好，出行携带也更方便。对于广大农村和三四线城市的消费者，它提供了一种更加安全可靠的酸奶产品。它也是“学生奶”的一个不错的选择。

对于冷链比较完善的大城市，消费者如果是自己吃，在超市里选择价格适中、出厂时间短、低温冷藏的酸奶应该是最佳选择。如果希望控制能量摄入，可以选择低脂或脱脂酸奶，也可以选择添加阿斯巴甜等甜味剂的酸奶，如果是走亲访友探视患者，那常温酸奶是很方便的选择。说到这里，我来揭晓你一开始就想知道的常温酸奶和传统酸奶哪个更好的答案，那就是：常温酸奶和传统酸奶没必要非要分个高下。

安全提示

“巴氏杀菌热处理”酸奶和传统酸奶各有特点，我们要根据自身需要购买最合适自己的。

谢谢程老师，大家明白了吗？和巴氏奶、常温奶一样，只要奶源过关、质控合格，它俩都是好产品，满足不同市场需求而已。但是，我不会为“零添加”“零污染”等营销噱头买单，也不会为明星代言、起个外国名字、满世界打广告或者漂亮的牧场风光照花冤枉钱，简单地讲就是产品要对得起价格。

1-9

如何正确吃鸡蛋

鸡蛋是一种营养非常丰富的食品，含有优质蛋白质、脂肪、卵磷脂、多种维生素和铁、钙、钾等人体所需要的多种矿物质，鸡蛋还是许多家常菜中的“主角”。最近一篇关于乱吃鸡蛋等于吃“炸弹”的帖子在网络上广泛流传，文中称：“用错误的方法吃鸡蛋会变成毒品”令人心生恐慌，吃了这么多年的鸡蛋竟然有如此多的讲究。网文中称：生吃鸡蛋很可能会把鸡蛋中含有的细菌，如大肠杆菌吃到肚子里去造成肠胃不适并引起腹泻；鸡蛋煎着不仅好吃，而且还营养，特别是边缘煎得金黄的那种；鸡蛋中蛋黄胆固醇高，建议不要食用等观点。那么网文中的说法是否正确呢？除此之外，在日常生活中，我们大多数家庭炒鸡蛋的做法都是油热之后，把打散拌匀的鸡蛋倒入锅中，翻炒至金黄盛出来食用。这种习以为常的方法也存在误区。让我们一起来看看程老师为我们带来了什么正确炒鸡蛋的好方法呢。

程老师，自从我们这个节目开播以来，我特别注意自己的饮食习惯，前两天刚去做了个体检，还不错，一切正常。

刚好，前几天我有一个朋友也去体检了，结果发现胆固醇高了，他就告诉我们，从此以后，他就跟蛋黄拜拜了，只吃蛋清。

这个我知道，蛋黄中的胆固醇含量比较高，尤其是那些有高胆固醇血症的、有心脑血管疾病的，他们是不吃这个鸡蛋的蛋黄的。

其实很多人都对这个鸡蛋中的胆固醇有误解，大家口中的这个胆固醇，并不是鸡蛋本身的胆固醇，而是我们在操作过程当中，一不小心才出现的，这个胆固醇就是被氧化了的低密度脂蛋白胆固醇，也就是说鸡蛋本身的胆固醇是好的，只是我们在加工过程当中，出了问题，导致它的这个胆固醇变成了对人体有害的物质。

程老师，自从您上次说煮鸡蛋的时候，时间把握得不好，长时间食用会诱发肠癌，我就再也不敢去食堂吃煮鸡蛋了，今天我就在家自己炒了个鸡蛋吃。

安全提示

不当操作会导致鸡蛋本身的胆固醇变成对人体有害的物质。

你自己在家炒的?

对呀，我就特别喜欢吃西红柿炒鸡蛋、尖椒炒鸡蛋、苦瓜炒鸡蛋等。

那你是怎么炒的呢？

就是像往常那样，油热了以后，把鸡蛋倒进去，翻炒一下，看着熟了盛出来呀，大部分家庭都是这样的做法吧？

鸡蛋中的胆固醇和脂肪，在没有氧化之前，原本对我们身体没有什么伤害，但是就是经过了高温、烹调，鸡蛋里的胆固醇和脂肪就会被氧化了，产生了糖化蛋白产物，这个物质对我们身体就会产生一个潜在的风险，对于中老年来说，代谢能力逐渐下降，如果不能及时地处理掉这些不利的因素的话，久而久之就可能出现大问题，今天我就要和你说说，除了煮鸡蛋之外的另一个坏蛋，炒鸡蛋。

安全提示

经过高温烹调，鸡蛋里的胆固醇和脂肪被氧化而产生糖化蛋白产物，对人体有潜在风险，需及时处理。

啊，炒鸡蛋？就是炒着炒着也能炒坏了？咱们说煮鸡蛋的时候，我就准备放弃吃茶叶蛋了，难道现在我也得放弃吃炒鸡蛋吗？

稍等会啊（拿出一瓶酒）。

什么东西啊，酒？就是炒鸡蛋之前喝点酒，管他什么胆固醇，是吧？

这是一瓶白酒，如果炒鸡蛋的话，可能胆固醇和脂肪会氧化，加一点白酒，这个白酒就是酱香型的高度白酒，如果炒鸡蛋的话，真的加点酱香型白酒，那这盘炒鸡蛋就特别香了，但是咱们居家过日子，就得有点成本核算的意识，咱们得找一个物美价廉的酱香型的高度白酒，我们炒两三个鸡蛋，用一瓶盖的量就够了。大家可听好了，不是让你喝，是在炒鸡蛋的时候倒进去，咱们一般的酱香型的白酒，几块钱到几十块钱的都有。

因为白酒本身有抗氧化的作用，这样炒出来，它就有抗氧化的过程。

但是我们一定要强调一下，这个量很重要。两三个鸡蛋才配一瓶盖的白酒，千万别放多了，一顿饭之后，回来一看都已经喝醉了，时间也很重要，高油温长时间烹调也不好，也是氧化过程的一个蓄积，所以就是适量的时间，放入适量的白酒，就可以拯救你的炒鸡蛋了。

那说到底，您还是没告诉我，这炒鸡蛋它到底坏在哪啊？

其实说到底，炒鸡蛋就是过度氧化了，就可能会生成一些，对血管有害的物质，破坏血管。现在很多人喜欢吃单面煎的鸡蛋，觉得鸡蛋高温加热后，就不用担心细菌问题，但是单面煎的鸡蛋，它还有一面没煎，它的细菌就不容易被杀灭，很容易造成污染。

安全提示

酒的量要适度，
烹调时间也要恰当。

那吃全生的鸡蛋岂不是细菌更多?

是的，除大肠杆菌外，鸡蛋上主要是沙门菌，而这个沙门菌主要在蛋壳上，我们在磕鸡蛋的时候，这个沙门菌很容易就污染到蛋清，所以在吃生鸡蛋的时候，连细菌就一块全吃进去了（图 9-1）。所以啊，尽量还是吃全熟的。

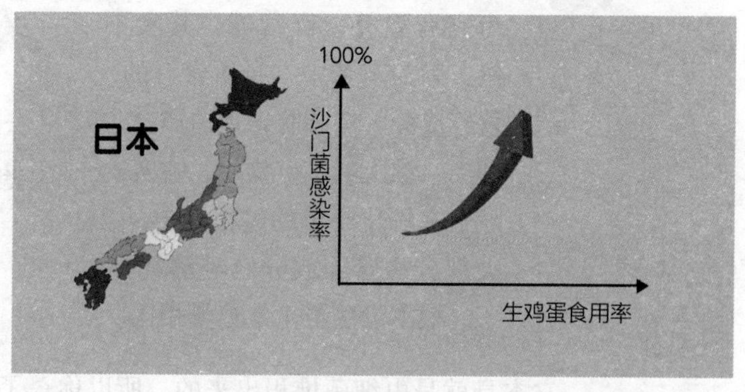

图 9-1　食用生鸡蛋的沙门菌感染率

说到煎鸡蛋，现在大家还喜欢将鸡蛋边缘煎得金黄，这时我们就需要警惕了，因为被烤焦的边缘鸡蛋所含的高分子蛋白质会变成低分子氨基酸，这种氨基酸在高温下对人体形成有害物质。鸡蛋煎着吃，也会使人摄入过多油脂，增加热量，导致血脂增高。

还有一种鸡蛋，你绝对不能吃。那就是“毛鸡蛋”。实际上呢“毛鸡蛋”就是受精蛋，在卵化小鸡的过程当中，受到的主要是沙门菌的感染，所造成的死鸡胎，这是一个没有成功卵化的鸡蛋，你想想吧，里面细菌得有多少啊?

安全提示

鸡蛋要尽量吃全熟的。

“毛鸡蛋”等于死鸡胎?

对，好多人觉得特别诧异，一直认为它有温补，有营养，其实不然，因为鸡蛋中本身所含有的营养成分，像脂肪、蛋白质、糖类、维生素、矿物质，它实际上在孵化小鸡的过程当中，大部分的营养成分已经消耗掉了，根本没法与正常鸡蛋相比。

安全提示

不要吃“毛鸡蛋”这种类型的蛋，细菌过多，对人体有害。

它本身就是由细菌堆积出来的，所以你杀了半天，你吃的还是细菌，所以说，对于毛鸡蛋这种形式的蛋，我们的解决办法只有一个，就是不要吃它。

今天给我们大家说的“坏蛋”，大家一定要注意了，千万别再错误地吃鸡蛋了，给我们的身体造成不必要的伤害。非常感谢程老师，给我们做了很专业的总结，以及非常详细的讲解。认识到平常饮食的错误方法，一定要积极改正，为了自己和家人的健康，需要多关注健康饮食，科学烹饪。

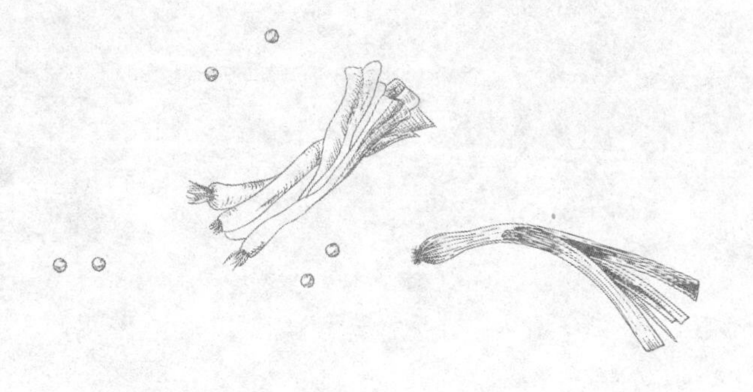

红皮鸡蛋和白皮鸡蛋哪一个更营养?

鸡蛋又名鸡卵、鸡子，是母鸡所产的卵。其外有一层硬壳，内则有气室、卵白及卵黄部分。富含胆固醇，营养丰富，一个鸡蛋重约 50g，含蛋白质 7g。鸡蛋蛋白质的氨基酸比例很适合人体生理需要、易为机体吸收，利用率高达 98% 以上，营养价值很高，是人类常食用的食物之一。

但是就如同世界上没有两片一模一样的叶子，鸡蛋也不存在一样的。有人说，红皮鸡蛋比起白皮鸡蛋更加营养，也有人说，白皮鸡蛋比起红皮鸡蛋更加营养，因为白皮鸡蛋是土鸡蛋。还有人认为草鸡蛋比饲养的鸡蛋营养价值高，蛋黄颜色越深营养越好，事实真的如此吗？其实这些说法并没有道理，其实它们的营养价值都差不多，白皮鸡蛋也不一定是土鸡蛋。

程老师，我今天想向您请教的呢，是鸡蛋。您看，这两颗鸡蛋。

这个很明显，一个是白皮鸡蛋，一个是红皮鸡蛋。

是的，我们经常吃的鸡蛋有这样的说法，有人认为红皮鸡蛋颜色比较深，营养比较高，但是也有人认为红皮鸡蛋比白皮鸡蛋便宜，所以营养就比较差。那么程老师，对于大家的疑惑，您可以帮我们辨认真假吗？蛋壳颜色真的决定鸡蛋的营养价值吗？

其实，没有真假这一说。蛋壳的颜色有白色、红色、青色、褐色等。我们平时在市场上见到的鸡蛋，是以白色和褐色为多，也就是我们这两种，白皮鸡蛋和红皮鸡蛋。红皮蛋和白皮蛋的营养素含量没有显著差别，选购鸡蛋时无须注重蛋壳的颜色，除非您有个人喜好。

那为什么他们蛋壳的颜色会不一样呢？

说到这里，我们先科普一个化学知识，有一种有机化合物叫卟吩，一分子卟吩结合一个金属离子便形成卟啉。比如：动物体内血红素（铁卟啉）；血蓝素（铜卟啉）。比如：植物体内维生素 B_{12}（钴卟啉）；叶绿素（镁卟啉）等等（图 10-1）。

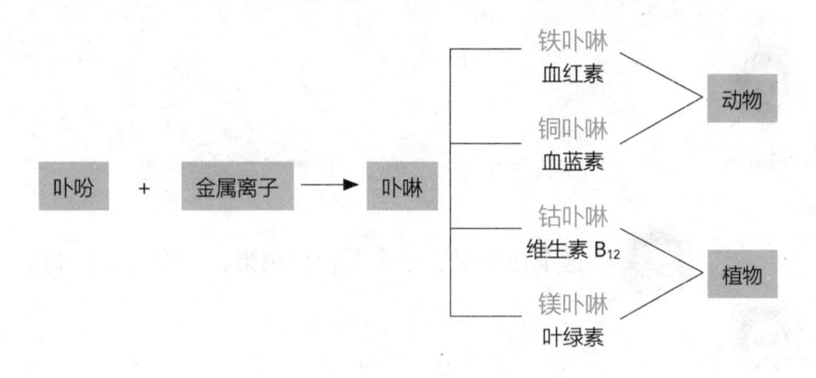

图 10-1　卟啉的形成及分布情况

鸡蛋蛋壳的颜色主要是由一种叫卵壳卟啉的物质决定的。有些鸡血液中的血红蛋白代谢可产生卵壳卟啉，因此蛋壳可呈浅红色；有些鸡不能产生卵壳卟啉，因此蛋壳呈白色。蛋壳颜色完全是由遗传基因决定的，所以蛋壳的颜色主要与产蛋鸡的品种有关。

那具体都是什么品种的鸡会生红壳蛋呢?

在过去，红皮鸡蛋是所谓柴鸡下的，白皮鸡蛋是来航鸡、白洛克鸡下的，但是现在红皮鸡蛋就不一定是柴鸡下的了，有的养鸡场的红皮蛋是在鸡饲料里掺了一些物质，蛋壳也会变红。家养草鸡蛋（柴鸡蛋）和饲养鸡蛋营养价值也没有很大的差别。家养草鸡蛋（柴鸡蛋）的脂肪含量较饲养鸡蛋约高 1% 左右，胆固醇含量也较高，总不饱和脂肪酸含量无显著差异，但其中磷脂含量、ω-3 不饱和脂肪酸高于饲养鸡蛋。

安全提示

鸡蛋蛋壳的颜色主要是由卵壳卟啉决定，与营养价值无关。

那这样说，蛋壳的颜色与鸡蛋的营养价值是没有关系的。

对，没有太直接关系。蛋壳的颜色是由基因决定的，如果我们要刻意地去比较这两种鸡蛋的营养的话，只是略微有一些差别。检测结果表明：白皮与红皮鸡蛋蛋白质含量均为12%左右；脂肪含量是红皮的略高一些，为11.1%，白皮的略低为9.0%；碳水化合物两者差别不明显；维生素A含量是白皮的较高，红皮的较低；维生素E是白皮较高，红皮较低；其他营养素含量比较，相差不明显（表10-1）。

表 10-1　白皮鸡蛋和红皮鸡蛋主要营养素含量比较（以每 100 克可食部计）

营养素	白皮鸡蛋	红皮鸡蛋	营养素	白皮鸡蛋	红皮鸡蛋
热量（千卡）	138	156	盐酸（毫克）	0.2	0.2
蛋白质（克）	12.7	12.8	钙（毫克）	48	44
脂肪（克）	9	11	镁（毫克）	14	11
碳水化合物（克）	1.5	1.3	铁（毫克）	2	2.3
维生素 A（微克）	310	194	锌（毫克）	1	1.01
维生素 E（毫克）	1.23	2.29	硒（微克）	16.55	14.98
硫胺素（毫克）	0.09	0.13	铜（毫克）	0.06	0.07
核黄素（毫克）	0.31	0.32	锰（毫克）	0.03	0.04

1 千卡≈4185.85J

原来是这样啊。

不过，一般来讲，蛋壳的颜色越深，蛋壳厚度越大，强度也就越大，这样就提高了鸡蛋的抗破损能力，便于运输和储存。

那蛋黄颜色越深，营养价值越高吗？

鸡蛋蛋黄的颜色并不能说明鸡蛋的营养价值高。这是因为鸡蛋蛋黄中的黄色部分来自核黄素（维生素 B_2），而核黄素主要来自于类胡萝卜素。只有饲料中的叶黄素类色素才能令蛋黄着色。散养禽类有机会摄入较多含类胡萝卜素的饲料，因而蛋黄颜色较深；集中饲养的鸡饲料当中含有丰富的维生素 A，但因为缺乏叶菜类饲料、玉米、粮食等含促进蛋黄着色物质的饲料，蛋黄颜色较浅，但其维生素 A 含量通常高于散养鸡蛋。

安全提示

鸡蛋蛋黄的颜色并不能说明鸡蛋的营养价值。

程老师，我还有一个问题，我们在选购鸡蛋时应注意什么？

我们在选购时，除非你有特殊的喜好，一般来讲不必太在意蛋壳的颜色。你需要关注的是，尽量选择清洁蛋，清洁蛋是指鲜鸡蛋经过检查、清洗、风干、油蜡处理、分级后的蛋制品，其安全性相对高于散装鸡蛋。

这么多的学问啊，我平时还会刻意买一些外面小摊卖的那种散装的，觉得他是自家养的，比较有营养。

如果是要买未经清洗的散装鸡蛋的话，建议在购买后要尽快进行清洁处理，以预防可能存在的潜在风险。

原来是这样啊。说到这，我想起来，市场上比较贵的“土鸡蛋”，那它的营养也没有差别吗?

如果对比“土鸡蛋”好还是“洋鸡蛋”（常指红皮鸡蛋）好。首先应确定我们是否买到了真正意义上的“土鸡蛋”，土鸡应是完全放养，环境没有污染，没有专门的饲料，主要以吃虫子、野草或蔬菜等为食物。“土鸡蛋”在自我找食的过程中，营养不均衡，但因为绿叶蔬菜吃得多，蛋黄中的类胡萝卜素含量高，因此蛋黄的颜色更深一些。“土鸡蛋”的特点是：“土鸡蛋”大多个头比较小，壳较厚，蛋黄较大。但是一些检测表明，“土鸡蛋”里的营养含量并不像宣传的那样比普通鸡蛋高很多。而且放养土鸡的产蛋环境、卫生状况也是一个需要考虑的问题，个别所谓的“土鸡蛋”更容易受到环境的污染。

“洋鸡蛋”是养鸡场产的鸡蛋，经过选种，圈养，所吃的饲料是经过配比的，饲料的营养素含量比较均衡，所产的鸡蛋个头比较大，但蛋黄没有土鸡蛋大。

从营养素含量进行比较，“土鸡蛋”的脂肪、胆固醇含量较“洋鸡蛋”高，养鸡场所产的“洋鸡蛋”中脂肪和胆固醇较低，可能与其饲料中添加了一定的膳食纤维有关。而矿物质钙、铁、锌、铜、锰的含量"土鸡蛋""洋鸡蛋"相似。

安全提示

"土鸡蛋"里的营养含量并没有比普通鸡蛋高很多。

要考虑的因素真的好多，那我们平时选购的时候，大家都说买新鲜的，那么我们要怎么来看鸡蛋是否新鲜。

新鲜的鸡蛋，它的蛋壳比较坚固、完整、清洁，常有一层粉状物，用手摸起来就会发涩。

是这样啊，我还真没注意过。

不新鲜的鸡蛋的话，蛋壳呈灰乌色，或者会有斑点、有裂纹，而且我们打开时常常会见到黏黄或者散黄。

原来蛋黄散了是因为不新鲜，我还以为是我自己打得不好呢。

一定要学会科学合理选购鸡蛋。最后总结四步挑选鸡蛋的方法：①眼看：优质的鲜蛋蛋壳清洁、完整、无光泽，壳上有一层白霜，色泽鲜明；②手摸：优质的鲜蛋蛋壳粗糙，把鸡蛋放在手掌心上翻转时有承重感，重量适当；③耳听：优质的鲜蛋，鸡蛋与鸡蛋相互碰击时声音清脆，但摇动时没有声音；④鼻闻：向蛋壳上轻轻哈一口热气，然后用鼻子闻其气味，优质的鸡蛋有轻微的生石灰味。

大家记住了吗？选择好的鸡蛋，才能让我们的身体更加健康。

好了，非常感谢程老师。

安全提示

挑选鸡蛋要学会：

①眼看；②手摸；

③耳听；④鼻闻。

1-11

坏鸡蛋是怎么煮出来的？

鸡蛋有很高的营养价值，据分析，每百克鸡蛋含蛋白质 12.8 克，主要为卵白蛋白和卵球蛋白，其中含有人体必需的 8 种氨基酸，并与人体蛋白的组成极为相似，人体对鸡蛋蛋白质的吸收率可高达 98%。每百克鸡蛋含脂肪 11～15g，主要集中在蛋黄里，也极易被人体消化吸收，蛋黄中含有丰富的卵磷脂、固醇类以及钙、磷、铁、维生素 A、维生素 D 及 B 族维生素。这些成分对增进神经系统的功能大有裨益，因此，鸡蛋又是较好的健脑食品。

一个鸡蛋所含的热量，相当于半个苹果或半杯牛奶的热量，但是它还拥有 8% 的磷、4% 的锌、4% 的铁、12.6% 的蛋白质、6% 的维生素 D、3% 的维生素 E、6% 的维生素 A、2% 的维生素 B、5% 的维生素 B_2、4% 的维生素 B_6。这些营养都是人体必不可少的，它们起着极其重要的作用，如修复人体组织、形成新的组织、消耗能量和参与复杂的新陈代谢过程等。

鸡蛋吃法是多种多样的，有煮、蒸、炸、炒等。就鸡蛋营养的吸收和消化率来讲，煮、蒸蛋为 100%，嫩炸为 98%，炒蛋为 97%，荷包蛋为 92.5%，老炸为 81.1%，生吃为 30%～50%。由此看来，煮、蒸鸡蛋应是最佳的吃法。但要注意细嚼慢咽，否则会影响吸收和消化。本期就来了解如何健康地吃到煮鸡蛋，鸡蛋怎么煮营养最高。

鸡蛋是餐桌的常客，今天程老师要当一回这个“导蛋专家”。

好的，我今天也带来一个鸡蛋，让我们一起讨论一下如何健康地吃鸡蛋。

我天天都吃鸡蛋，觉得特别健康有营养，有些朋友也问到每天吃一个鸡蛋的话，这一天的营养应该就够了吧。

鸡蛋有很高的营养价值，是优质蛋白质、B族维生素的良好来源，还能提供一定数量的脂肪、维生素A和矿物质。一个中等大小的鸡蛋可提供6克左右的优质蛋白质，是各种食物中所含蛋白质最高的。就成分而言，鸡蛋里面含有的营养，几乎包含了我们人体所需要的全部的营养成分，可以说呢，我们吃鸡蛋，就是吃了一个全营养餐，不少长寿老人延年益寿的经验之一，就是每天必吃一个鸡蛋，但是，有些人吃鸡蛋却吃出了病？今天我就给大家带来了一个大大的“坏蛋”。

哦，鸡蛋放的时间长了，坏了，是吧？

我说的坏蛋不是坏了，而是在日常生活中，操作不当做出来的。你看我手上的这个鸡蛋。

不就是个普通的鸡蛋吗?

这个煮鸡蛋，我们是非常推荐大家吃的，因为它的消化、吸收率特别高，但是呢，如果我们煮不对的话，就会出问题。

在日常生活中，喜欢吃煮鸡蛋的人这么多，您如何说服我们说这是一个坏蛋?

我给大家打开这个鸡蛋，看看有什么不一样。

好，我们期待，最好是真的很特别哦。

我把这个鸡蛋给剥开，大家看一下我这个鸡蛋（图 11-1），看出什么问题了吗?

我觉得这个蛋好，像我的皮肤一样白皙。

你剥开蛋白再看。

好像颜色有点不太对，有点暗，而且有点淡淡的绿色，不是那种黄的。

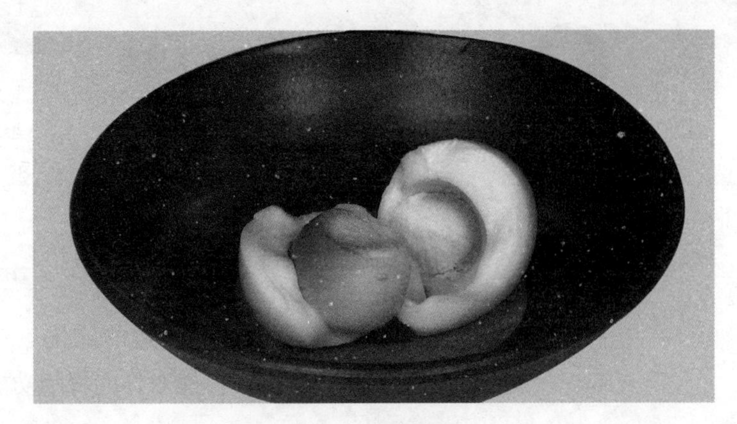

图 11-1　煮鸡蛋

是的，就是这种绿色，我们都知道，鸡蛋里面蛋白质含量高，蛋白质里面含有蛋氨酸，是人体必需的 8 种氨基酸中唯一含有硫的氨基酸。长时间加热以后，产生的硫化物，与蛋黄中的铁发生化学反应，就会产生硫化铁和硫化亚铁，蛋黄立马就变绿了，而变绿了的这种鸡蛋，偶尔吃一吃，没有问题，但是你长时间吃这种鸡蛋，会给你的消化和吸收带来影响。

我明白了，为什么有的鸡蛋的蛋黄是正常的黄色，有的鸡蛋的蛋黄发绿，就是因为它在煮的时间上有区别，是这样吗？

是这样的，你可以留意一下，以后在路边摊点买茶叶蛋的时候，剥开蛋白，看看蛋黄外围的颜色。

也就是说，煮鸡蛋的这个时间的把控还是比较重要的。大家平时吃煮鸡蛋的时候，谁研究过是不是发绿，我到底应该煮多长时间，没有人动过这个脑子。

安全提示

长期食用发绿的煮鸡蛋，可能对你的胃肠功能产生风险。

如何正确的煮鸡蛋，其实关键就在于时长的把握，很有讲究。在我们最常吃的煮鸡蛋当中，其实潜藏着健康威胁，您煮的鸡蛋，蛋黄的表面，有时候会不会存在这样一层绿色的物质呢？这就是错误的煮鸡蛋方法，导致的硫化物的产生，长期食用，可能对你的胃肠功能产生风险。

我们看到呢，这有一盆鸡蛋，有时长为 1 分钟的，3 分钟的，5 分钟的，还有一个时间比较长的，煮了 10 分钟，我们现在就切开来看看，这些煮的不同时长的鸡蛋究竟有没有问题？

切开可以看看有没有什么区别？

是的，我们先切开一个一分钟的。

大家可以看一下，这一分钟的完全就是一个液体（图 11-2）。

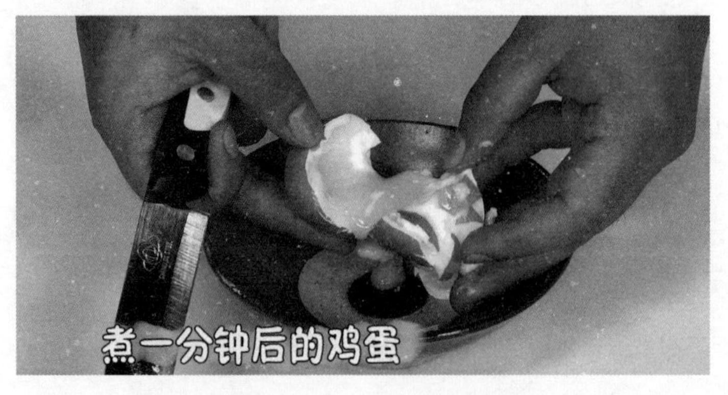

图 11-2　煮一分钟后的鸡蛋

完全就是没有熟，很多蛋黄都流出来了，我们下一个切三分钟的。

还要观察蛋黄的性状。

说实话，很多人都特别喜欢吃这种状态的鸡蛋（图 11-3）。

图 11-3　煮三分钟后的鸡蛋

我也是，好了，再看看 5 分钟的，5 分钟的感觉完全不同了。

是的，这个黄，基本上是个固态的、成形的。

而且大家可以仔细观察一下，完全没有那个绿色，全是嫩黄色（图 11-4）。

图 11-4　煮五分钟后的鸡蛋

那我们要不要看一下，10 分钟的是个什么样的？

当然要，大家看一下蛋黄的边缘，在这个蛋黄的一圈是不是有一点点发绿的感觉（图 11-5）。

其实我们平时吃鸡蛋，吃这种状态的鸡蛋的人还是挺多的。

图 11-5　煮十分钟后的鸡蛋

而且好像蛮经常的，就是经常是吃到这种状态的，食堂里煮的都是这样的，好了，程老师，你赶紧给我们讲讲这一、三、五、十，不同的时间煮出来的鸡蛋，里面的乾坤所在？

我们先看看啊，一分钟煮出来的鸡蛋，这个黄都流出去了，里面如果有细菌的话，是不可能被完全杀灭的，那三分钟的呢，它还没有成形，里面如果有细菌仍然没有被彻底的杀灭，那最好的，就是这个鸡蛋，五分钟的，你看它蛋黄凝结住了，吃着还特别得嫩，十分钟的这个呢，就是我们说的，里面有硫化物跟蛋黄反应生成的硫化亚铁，那么这个东西我们经常吃的话，会诱发肠道疾病的风险（图11-6）。所以观众朋友们可以根据自己的情况，选择什么样的鸡蛋。

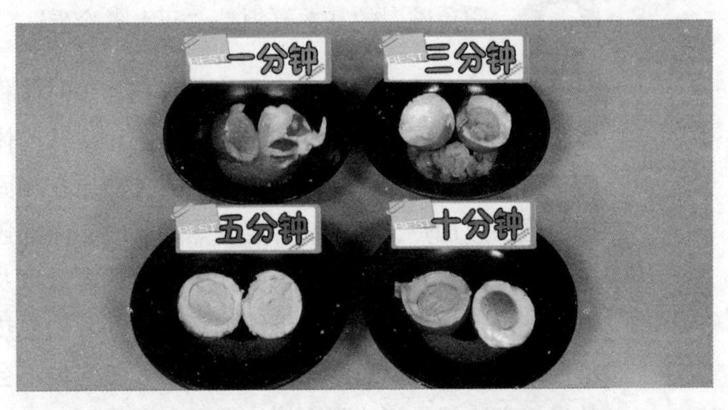

图 11-6 煮一、三、五、十分钟后的鸡蛋对比图

5 分钟的。

对，5 分钟，有必要跟大家解释一下，这五分钟是怎么得出来的五分钟，实际上，这里面也是有讲究的。5 分钟的鸡蛋，相对来讲是最好吃也最安全的，其实我们这里说的 5 分钟，并不是实实在在地煮 5 分钟，而是开火后，煮 3 分钟，关火，剩下的 2 分钟，是让鸡蛋在烧热的水里静置，这样“煮三焖二”出来的鸡蛋，既有鲜美的口感，灭菌效果更好，又不会生成硫化铁，诱发肠道疾病的风险。

安全提示

煮鸡蛋应该“煮三焖二”。

煮鸡蛋时经常会出现蛋壳破裂，这个情况有没有什么好方法?

避免破壳的基本要领是“开水煮冷蛋”。

蛋壳破裂的原因是由于蛋清蛋黄在加热时体积会膨胀，而且液体膨胀率大于固体蛋壳的膨胀率，当内容液体的体积大于蛋壳容量时，蛋壳就会胀破。但是，鸡蛋里的蛋白质在凝固时会收缩，如果把鸡蛋快速加热，当蛋清外层受热膨胀时，内部还是冷的，没有膨胀，总膨胀量就比较小，蛋壳膨胀增加的容量以及鸡蛋里气室的容量就能承受，不会胀破。继续加热，内部开始受热膨胀时，外层蛋清已经凝固收缩，总膨胀量也比较小，蛋壳也不会胀破。快速加热的最好方法就是把鸡蛋直接放入开水里煮。

具体做法是：待水开后，把凉鸡蛋搁在小漏勺里放入开水中煮 5 分钟即可熟透，这样既可避免烫手又可防止跌破蛋壳，而且时间易于控制。只要保持水开，小火即可。鸡蛋要凉，刚从冰箱取出的鸡蛋或者在冬天最好，如夏天鸡蛋不在冰箱存放，把鸡蛋在冷水中浸泡一会儿凉透也可减少破壳。冬天，鸡蛋和水都比较凉，即使用凉水煮，只要水少，加热快速，蛋壳一般也不会破。

开水煮冷蛋，可避免蛋壳破裂。

那是不是最错误的做法就是将鸡蛋放在冷水里小火缓慢加热?

是的，热量有足够的时间传递到鸡蛋内部，蛋清蛋黄内外同时受热膨胀，膨胀量大，结果胀破蛋壳。这时往往蛋清还没有达到凝固温度，蛋清会流出壳外，凝固成白色团絮状。

好的，非常感谢程老师，给我们做了很专业的总结，以及非常详细的讲解。

1-12

发芽的土豆还能吃吗？

春暖花开，万物生发，同时这也是个细菌滋生活跃的季节，经过冬季储藏的蔬菜很容易产生有毒物质，稍不注意就会发生食物中毒或感染疾病。

土豆是咱老百姓餐桌上最常见的食品之一。属茄科多年生草本植物，块茎可供食用，是全球第四大重要的粮食作物，仅次于小麦、稻谷和玉米。土豆中的蛋白质比大豆还好，最接近动物蛋白。还含丰富的赖氨酸和色氨酸，这是一般粮食所不可比的。土豆能够给人体提供大量的黏体蛋白质。土豆中含有丰富的膳食纤维，有助促进胃肠蠕动，疏通肠道治疗习惯性便秘及保健抗癌作用。土豆中含多种抗衰老成分，尤其以胡萝卜素、维生素 B_1、维生素 B_2、维生素 E、维生素 C 和钾等 6 种成分最为突出。土豆是碳水化合物，但是其含量仅是同等重量大米的 1/4 左右。

土豆发芽是否可以食用也经常是百姓们的热议话题，还有，土豆挖掉发芽部分再食用，可以吗？本期就来教大家健康地吃土豆。

“食用发芽的土豆会中毒”这个说法相信大家并不陌生。那么程老师，土豆发芽后究竟还能不能食用呢？

土豆发芽时，在出芽的部位产生许多酶。在这个物质转化过程中，会产生一种叫做龙葵碱的毒素，它是一种生物碱，对于人类来说，有溶血和刺激黏膜的作用。

毒素？那看来是不能食用了。

尽管发芽的土豆、生的四季豆和鲜黄花菜菇等食材均有可能引起食物中毒，但引起中毒的成分却是不同的，四季豆中的有毒成分为皂素和植物血凝素，鲜黄花菜里的有毒成分是类秋水仙碱，发芽土豆中的有毒成分则是龙葵素。龙葵素是发芽、变青、腐烂土豆中所含的一种毒素，质量好的土豆每 100g 中只含龙葵素 10mg，而变青、发芽、腐烂的土豆中龙葵素可增加 50 倍或更多，吃极少量龙葵素对人体不一定有明显的害处，但是如果一次吃进 200mg 龙葵素（约 25g 已变青、发芽的土豆）就可能发病。龙葵素在人体内的潜伏期为数十分钟至数小时，主要症状为喉咙瘙痒、烧灼感、胃肠炎，重者还可能出现溶血性黄疸。因此，绝对不要吃发芽腐烂的土豆是人们的烹饪常识。

其实新鲜土豆，包括西红柿、茄子等蔬菜，也含有微量的龙葵碱，但对人体没有危害。有病例分析认为，人体对糖苷生物碱的中毒剂量可以低到每千克体重 2 ~ 5mg，而每千克体重 3 ~ 6mg 的剂量就可能致命，所以正常的土豆不会让人中毒。但如果保存不善，土豆就会发芽变绿，这时候龙葵碱的含量会大大增加。

安全提示

土豆发芽后在芽周围会产生毒素龙葵碱，食用后可能会导致食物中毒。

产生绿色的不是龙葵碱，但是“变绿”是龙葵碱产生的一个标志。同时，土豆会变苦，而苦味更是直接说明龙葵碱含量已经很高了。对于变绿或者发芽的土豆，已经有了明确的“有毒”信号，我们就要避免食用。

原来这么严重啊。那这个龙葵碱主要对人体有哪些毒害作用呢？人体中毒后又表现为哪些临床症状呢？

龙葵碱是一种毒性相当强的“天然物质”，口服的中毒症状一般为呕吐、腹泻和神经毒性，严重的甚至会导致死亡（图 12-1）。英国就曾经发生过 78 个学生因为食用龙葵碱含量过高的土豆而中毒的事件。所以症状较重的患者要及早送医院治疗。

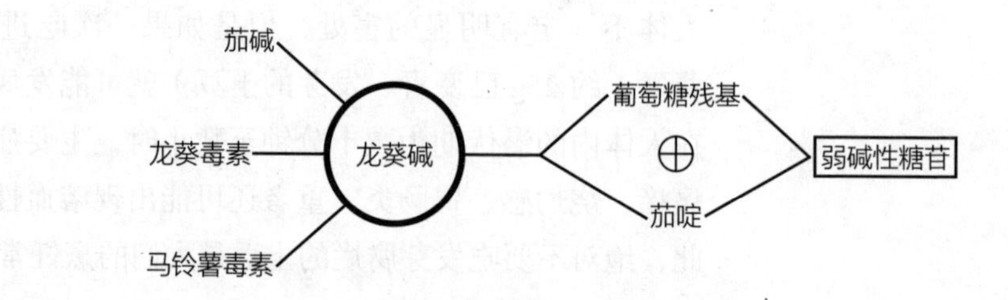

图 12-1　龙葵碱中毒症状

看来这发芽后的土豆还真不能随便吃。如果买回来的土豆不及时吃掉，放久了就会出现发芽的情况。不少人觉得这样扔掉很浪费，但又对土豆发芽能不能吃存在疑问。那么程老师，我们是否可以选择性地食用呢？

当然可以。当土豆刚刚发芽、芽还生长得不大时，可以将芽和芽眼挖掉一块，其余部分还是可以吃的。虽然经过上述处理，但土豆内仍会残留一部分毒素，所以加工时一定要去皮，用水浸泡半小时后再加工食用。这种土豆不宜炒丝或炒片吃，可以红烧、炖或者煮食。

但如果土豆表面的霉变、发青情况严重，或者一个土豆长了几个芽就应当毫不犹豫地扔掉。这样的土豆即使挖掉芽的部分，吃了没有中毒状况发生，所含的营养也已经所剩无几，而且口感也很差。

如果挖掉了土豆发出来的芽，依然担心其会对健康造成负面影响该怎么办？

发了芽的土豆最好是不要吃，但如果觉得扔了可惜的话，可以在挖了芽以后，将准备吃的土豆泡入水中，吃的时候去掉水会更加安全。另外，在烹饪的时候加入些许醋，可以加速龙葵素的破坏，防止龙葵素对人体造成危害。另外，在烹饪土豆的时候也应当注意多煮几分钟，尽量将土豆做得熟一些，不要吃半生不熟的土豆。

安全提示

刚发芽的土豆要彻底清理干净方可食用，并且要尽量煮熟。

说到这儿我有点儿好奇啊，土豆到底在什么样的生存环境下才会发芽变质呢？我们又应该如何预防呢？

土豆在贮藏期间，如果存放时间长，温度较高，有阳光直射到土豆表面，都可能促使土豆长芽。想要预防土豆长芽，应该把它贮存在低温、通风、没有阳光直射的地方。另外，在购买时，要注意土豆的外观颜色，有异味，发黑的就不要购买了。

好的。下面程老师来帮我们普及一下土豆的营养价值吧。

①土豆像粮食一样富含淀粉。②马铃薯蛋白质营养价值高。其品质相当于鸡蛋的蛋白质，容易消化、吸收，优于其他作物的蛋白质。而且马铃薯的蛋白质含有 18 种氨基酸。③马铃薯块茎含有多种维生素和无机盐。0.25kg 的新鲜马铃薯便够一个人一昼夜消耗所需要的维生素。特别说一点是它富含维生素 C，而且因为有淀粉保护，其维生素 C 在烹饪加热过程中不易破坏流失，利用度高于普通蔬菜。土豆还富含钾，含量不次于大多数蔬菜和水果，其他矿物质含量亦高于大米白面。④马铃薯可作为蔬菜制作佳肴，亦可作为主粮。⑤马铃薯块茎中含有丰富的膳食纤维，并含有丰富的钾盐，属于碱性食品。⑥土豆的块茎还含有禾谷类粮食中所没有的胡萝卜素和维生素 C。从营养角度来看，它比大米、面粉具有更多的优点，能供给人体大量的热能，可称为“十全十美的食物”。人如果只靠马铃薯和全脂牛奶就足以维持生命和健康。因为马铃薯的营

养成分非常全面，营养结构也较合理，只是蛋白质、钙和维生素 A 的量稍低，而这正好用全脂牛奶来补充。⑦土豆具有抗衰老的功效。它含有丰富的维生素 B_1、维生素 B_2、维生素 B_6 和泛酸等 B 族维生素及大量的优质纤维素，还含有微量元素、氨基酸、蛋白质、脂肪和优质淀粉等营养元素。⑧土豆是非常好的高钾低钠食品，很适合水肿型肥胖者食用，加上其钾含量丰富，几乎是蔬菜中最高的，所以还具有瘦身功效。

看来这土豆的营养价值还蛮高嘛，真是当刮目相看。大家要注意发芽的土豆其实也是可以选择性食用的，但您最好在日常生活中多加注意，避免其发芽，从而保障您的饮食健康，食品安全问题切莫忽视。

1-13

头顶黄花的黄瓜真的含避孕药吗？

黄瓜中含有丰富的人体所需要的葫芦素，吃黄瓜可以提高人体的免疫力，可以抵抗和预防各种肿瘤的发生。黄瓜中含有丰富的维生素，可以延缓衰老，黄瓜中的黄瓜酶成分可以促进人体新陈代谢。黄瓜中含有的一些成分，可以治疗酒精肝，预防酒精中毒。

黄瓜中含有的纤维素可以促进人体新陈代谢，有助于排除人体内的废物，经常吃黄瓜可以增强体质。黄瓜中含有的维生素成分，可以补充大脑需要的营养素，可以使情绪稳定。

夏日是各种美味瓜果集中上市的时间。在品目繁多的瓜果蔬菜纷纷亮相的同时，关于它们的“谣言”也层出不穷。什么“乒乓葡萄”“超大杨梅”“大个猕猴桃”……频频让消费者感到忧心忡忡。近日有关“头顶黄花的黄瓜含有避孕药”的说法再次在消费者中流传。而在网上，这一流传更盛。有些市民见花色变，凡顶端有花的黄瓜都不敢买。其实早在 2011 年就有媒体披露过，有销售黄瓜的小贩自曝，不少头顶黄花身上带刺的黄瓜，都是抹过避孕药的，以此保持黄花不败，并让黄瓜看着新鲜。

这一期，让我们来探究，带黄花的黄瓜究竟和避孕药有没有关系？真实的情况究竟是怎样的呢？

程老师您看，这头顶黄花的黄瓜还真是让人望而却步啊。这看似新鲜的黄瓜还真是拿避孕药给养出来的吗?

哈哈，当然不是。“避孕药黄瓜”纯属是一种谣传。人们常说的避孕药是动物激素，对植物性的黄瓜生长发育没有任何作用，不可能使用在黄瓜上。人们之所以谣传为避孕药，可能是因为黄瓜上使用的植物生长调节剂能促进黄瓜生长发育，具有激素的作用，避孕药也是激素。结果，传来传去，最后传成了黄瓜使用避孕药。

哦，原来是这样。那坊间还有这样的说法，说是“激素黄瓜”会引起儿童性早熟，这是真的吗?

“激素黄瓜”引起儿童性早熟也完全是一种误会，是把植物激素与动物激素混淆了，植物激素只对植物有作用，对人和动物无作用。

实际上，我国允许在黄瓜上使用赤霉素等 10 种生长调节剂，都是植物性的激素，与动物激素在性质、结构、功能、作用机理等方面是完全不同的两类物质。黄瓜上使用的是植物外源激素，对动物不产生作用，不可能引起儿童性早熟。

安全提示

植物激素是由植物自身代谢产生的一类有机物质，并自产生部位移动到作用部位，在极低浓度下就有明显生理效应的微量物质。

也就是说，避孕药对黄瓜的生长是没有任何的作用的。那菜市场上的那些“顶花带刺”的黄瓜可以吃吗？有没有什么安全隐患？

黄瓜的花基本上是雌雄同株异花，偶尔也会出现两性花。“顶花带刺”黄瓜属于单性结实，是生物学固有特性，不存在安全隐患。

开花结果、瓜熟蒂落，这是自然界的生态规律。通常情况下，黄瓜从开花到采摘一般需要一个多星期的时间，尽管有些黄瓜成熟后还有花留着，不过都已经枯萎了，因此如果看见黄瓜上还留有鲜艳的黄花，肯定是人工干预的结果（图 13-1）。

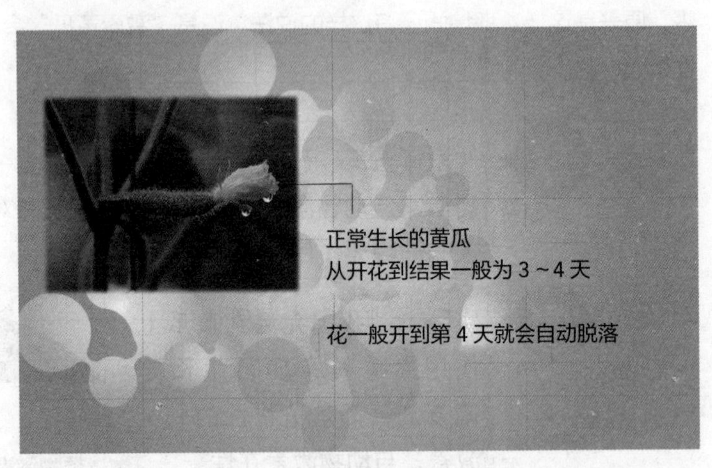

图 13-1　正常黄瓜的生长花期

菜农使用激素，一般是出于黄瓜保鲜的目的，也能在一定程度上加快黄瓜生长、拉长瓜体。黄瓜通过植物激素的处理，结果率也会提高，从而增加产量，这种方法在山东等主要蔬菜产区非常普及。

按照国家的相关规定，植物激素在农业生产上是允许使用的。

而目前农业部门在每次抽检农产品的质量时，只检测农药残留量，而对于植物生长激素的抽检，目前技术还达不到，因此也就没有将该指标纳入检测范围之内。所以大家也无需过多担心，食用黄瓜时只要将黄瓜的表皮削掉就可以去除激素和农药残留。

安全提示

适当使用激素，一般是出于黄瓜保鲜的目的，也能在一定程度上加快黄瓜生长。

看来这黄瓜不含避孕药是没错，可是长期食用含有植物激素的黄瓜也不是什么好事。程老师您教教我们平时该如何挑选自然生长的黄瓜呢？

好的。其实只要黄瓜扮嫩花正艳，都有可能是“含笑半步颠”。下面呢，我就来教大家三个方法来识别黄瓜是否是自然生长：

首先呢，就是要看：自然成熟的黄瓜，瓜皮花色深亮，即使顶上也有花也非常脆弱，在运输的过程中已经脱落，瓜身上的刺粗而短；激素黄瓜，顶花鲜艳，花朵不会自然脱落，瓜皮颜色鲜嫩，刺细长，更明显的特征是花骨朵和花苞的连接处，有一个小疙瘩，像一个“瘤”。

其次呢，就是要学会闻：大家可以通过闻黄瓜的气味来辨别。一般自然成熟的黄瓜，大多在表皮上能闻到一种清香味，而催熟的黄瓜几乎没有清香味，使用药物多的甚至可能会闻出一股发酵的气味。

最后还有一种方法，就是掂：同一品种大小相同的黄瓜，催熟的同自然成熟的相比水分含量要大，要重很多，大家用手掂一下其实很容易就可以识别手上的黄瓜是否使用了生长激素。

“避孕药黄瓜”纯属是一种谣传，但是日常生活中，我们还是要学会辨别黄瓜是否是自然生长，避免过量食用含有生长激素的黄瓜，对我们的健康造成不必要的影响。

1-14

黄花菜中的秋水仙碱

每年的七、八月份是黄花菜生长成熟的季节，因为黄花菜的花瓣肥厚，香味浓郁，吃起来口感清香比较爽滑，是很多饭店和家庭的食用原材料。

黄花菜，也称金针菜，学名萱草。在康乃馨成为母爱的象征之前，中国也有一种母亲花，它就是黄花菜，是一种多年生草本植物的花蕾，根茎肉质，叶狭长，开黄绿色或橘黄色的花，花蕾叫金针，也可作蔬菜供人食用，味鲜质嫩，营养丰富，含有丰富的花粉、糖、蛋白质、维生素 C、钙、脂肪、胡萝卜素、氨基酸等人体所必需的营养成分，其所含的胡萝卜素甚至超过西红柿的几倍。鲜黄花菜中含有一种“秋水仙碱”的物质，无毒，经过肠胃道的吸收，在体内氧化为“二秋水仙碱”，具有较大的毒性。黄花菜性味甘凉，有止血、消炎、清热、利湿、消食、明目、安神等功效，对吐血、大便带血、小便不畅、失眠、乳汁不下等有疗效，可作为病后或产后的调补品。但是其叶形为扁平状的长线型，与地下茎有微量的毒，不可直接食用。

程老师，您听说过忘忧草吗？

忘忧草，不就是黄花菜。

您知道啊？我还以为会难住你。

哈哈，王君，我等你等得黄花菜都凉了。不也是说得黄花菜嘛。

程老师，我们知道这条谚语的意思是形容人姗姗来迟，不守时，但为什么要说黄花菜都凉了呢？

在我国北方有些地方，黄花菜是作为居家酒席中最后一道醒酒菜的，最后一道菜都凉了，可见来得有多迟？

原来是这样。按理说黄花菜也是一道不错的菜，但是，最近看到一则新闻，有人因为吃了新鲜的黄花菜竟然中毒进了医院。程老师，他们怎么吃了都中毒了，还挺严重都导致大小便失禁了，只是吃了个凉菜而已啊。这是食堂厨师用料的问题还是这个黄花菜本身就有问题啊。

所谓的新鲜黄花菜不能吃是有道理的，因为新鲜黄花菜的花粉中含有一种化学成分叫秋水仙碱。这种化学物质吃下去之后，会在体内氧化变成毒性很强的二秋水仙碱。这种物质能强烈地刺激人的消化道和呼吸道，成年人如果一次食入 0.1～0.2mg 的秋水仙碱，也就相当于 50～100g 的鲜黄花菜，就会发生急性中毒，出现咽干、口渴、恶心、呕吐、腹痛、腹泻等症状，严重者还会出现血便、血尿或尿闭等（图 14-1）。如果一次食入 20mg 的秋水仙碱可致人死亡。

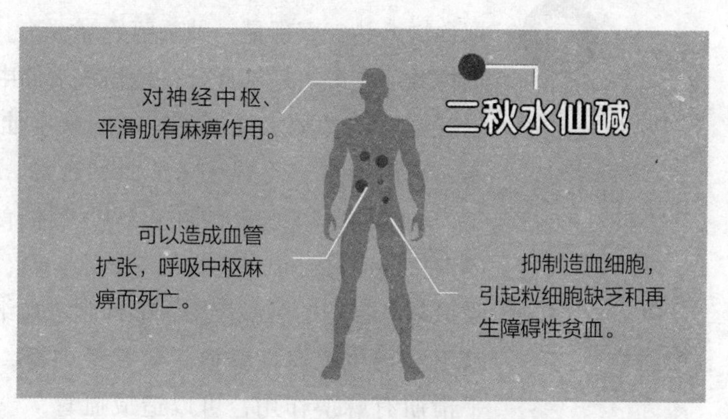

图 14-1　二秋水仙碱的中毒症状

这么危险，怪不得每年的夏天都会听说有很多人因为吃新鲜黄花菜中毒。

因为人们都比较喜欢吃新鲜的蔬菜，而且新鲜的黄花菜口感也不错，售价便宜也方便自己种植，所以新鲜的黄花菜还是很受欢迎的。但是大部分中毒的人都是因为过量的摄入黄花菜花粉中的秋水仙碱。

程老师，我就想，我们对黄花菜能不能取其精华去其糟粕呢？把好吃的花瓣留下，把花粉扔掉或者煮熟了就可以放心食用了吧。而且秋水仙碱到底是一种什么样的物质，这个名字听起来还挺有意思的。

把食物煮熟一直都是一种杀菌的好方法。秋水仙碱是一种生物碱，它最初是从百合科植物秋水仙中提取出来的，所以就把它叫做秋水仙碱了。纯的秋水仙素呈黄色针状结晶，易溶于水、乙醇，味苦而且有毒。刚刚我们也说过了，秋水仙碱本身是无毒的，只是我们食用了以后，它在体内代谢成具有很强毒性的二秋水仙碱，它对消化道、呼吸道都有强烈的刺激作用，能抑制造血细胞，引起粒细胞缺乏和再生障碍性贫血。对神经中枢、平滑肌有麻痹作用，可以造成血管扩张，呼吸中枢麻痹而死亡。不过秋水仙碱可不是一个不折不扣的坏东西，它也是有一定的好处的，它对急性痛风性关节炎有选择性的消炎作用，还是诱导多倍体效果最好的药剂之一。

安全提示

秋水仙碱是具有两面性的。

程老师，秋水仙碱虽然对急性痛风性关节炎有一定的消炎作用，但是我更担心食用了以后会中毒，如果发生秋水仙碱中毒，会出现什么症状？

新鲜黄花菜中秋水仙碱中毒一般潜伏期是 30 分钟到 2 个小时，中毒的急性症状有这么几个特点，早期出现恶心、呕吐、腹痛、腹泻以及水电解质紊乱等状况，同时秋水仙

碱会影响我们的神经系统，具体表现比如手麻脚麻、肌肉痉挛、刺痛无力。严重的可能会有血尿、尿闭，血小板减少和再生障碍性贫血等症状，可能引起肝功能异常、肾功能损伤。甚至还会出现副作用，比如说脱发、皮肤过敏、精神抑郁和局部组织坏死等现象。

吃一点鲜黄花菜就会有这么多危害啊，这症状和感冒发热差不多，我感觉大部分人都会认为是感冒了，这样一耽误肯定是要出大问题的。电视机前的观众朋友要注意了，如果在吃了黄花菜以后，出现手麻脚麻，头昏等问题，您可千万别以为是普通感冒，很有可能就是秋水仙碱中毒了。

对，当食用完黄花菜出现这样的问题后，应该尽早地让食用者吐出来，然后喝一点藿香正气水等消除毒物的措施。然后可以吃一点鸡蛋清，喝牛奶来保护胃肠道。当然在不确定的情况下还是到医院检查一下最好了。

程老师，那我们在吃黄花菜之前，有没有什么要注意的地方，可以避免秋水仙碱中毒呢？

因为秋水仙碱易溶于水，在吃之前我们把鲜黄花菜在开水中过一下然后用清水充分浸泡之后再进行烹饪，而且每次吃的时候就少吃一点，解个馋就可以了，避免过量的秋水仙碱摄入体内。

安全提示

鲜黄花菜在开水中过一下然后用清水充分浸泡之后再进行烹饪。

黄花菜最好还是不要吃凉菜，把黄花菜放到开水中煮熟捞出来之后再加温。干的黄花菜中的秋水仙碱成分非常的少，口感也不会差很多，所以大家能做到消除秋水仙碱就尽量地把黄花菜处理干净再食用。

1-15

新鲜扁豆易中毒？

扁豆，豆类一年生草本植物，茎蔓生，小叶披针形，花白色或紫色，荚果长椭圆形，扁平，微弯。嫩荚是普通蔬菜，依花的产色不同分为红花与白花两类，荚果的产色有绿白、浅绿、粉红与紫红等色，以平滑有光泽、质坚硬、种皮薄而脆、嚼之有豆腥气、颗粒饱满为佳。入药主要用白扁豆。扁豆含皂苷和血球凝集素可引致食物中毒，烹饪时一定做得十分熟方可。

扁豆的营养成分相当丰富，包括蛋白质、脂肪、糖类、钙、磷、铁、钾及食物纤维、维生素 A、维生素 B_1、维生素 B_2、维生素 C 和氰苷、酪氨酸酶等，扁豆衣的 B 族维生素含量特别丰富。此外，还有磷脂、蔗糖、葡萄糖。

扁豆味甘、性平，归、胃经，气清香而不串，性温和而色微黄，与脾性最合。有健脾、和中、益气、化湿、消暑之功效。主治脾虚兼湿，食少便溏，湿浊下注，妇女带下过多，暑湿伤中，吐泻转筋等证。

程老师，现在秋意浓浓，豆角类蔬菜已经开始上市了，不过我这几天听好多人说吃这个扁豆是会中毒的。而且也有一些食堂出现集体中毒的事件，虽然病症没多严重，可是人数很多了。

对，秋冬季的应季蔬菜就是这些扁豆、芸豆之类的豆角类蔬菜，尤其是扁豆营养成分丰富，也有健脾、化湿、消暑等功效，老百姓是非常喜欢吃的。另外这扁豆有紫有绿，色彩比较鲜艳，所以不论是普通家庭还是高档酒店，扁豆都有着比较高的地位，是一个不错的选择。

程老师，我也经常吃扁豆的，口感比较好，我就纳闷了，明明是绿色蔬菜，这么多人喜欢吃，怎么会让人中毒呢，到底是不是真的？

扁豆虽然好吃，但是如果食用不当，确实是容易中毒的。因为新鲜的扁豆除了有丰富的营养成分外，还有毒蛋白、凝集素以及能引发溶血症的皂素（图 15-1），皂素还对胃黏膜有较强的刺激作用，你听到那些食物中毒而且没有乱吃东西的人有呕吐、腹泻等这样症状的，可能就是吃扁豆吃坏了。初冬下霜后采摘的扁豆是最容易引起中毒的，中毒的人有呕吐、腹泻等这样的症状，严重的人可能出现脱水、休克等。

安全提示

扁豆食用不当是容易中毒的。

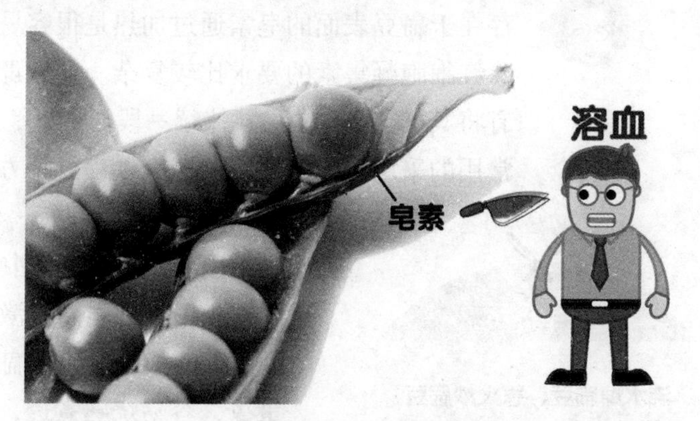

图 15-1 皂素引发溶血症

毒蛋白，凝集素和皂素这些都是引起中毒的原因吗？程老师，您还是赶快给我们具体说一说吧，出现中毒的原因到底是什么？

鲜扁豆引起中毒的罪魁祸首是扁豆中的皂素、红细胞凝集素等天然的毒素。扁豆豆荚外皮中的皂素，它能破坏人体细胞引起溶血，它是存在于扁豆的表皮的。植物红细胞凝集素，这种毒素存在于豆粒中，毒性大，不易被破坏，是引发豆角中毒的主要原因。接近成熟的豆角（豆粒大）或储存时间过长的豆角，所含毒性物质是较多的。

那这种毒素能够消除吗？比如我们常规的加热的方法可以消除掉毒素吗？

存在于扁豆表面的皂素通过加热是很容易清除的，但是祛除红细胞凝集素的要求比较复杂。这种毒素比较耐热，只有将其加热到100℃并持续一段时间后，才能破坏。我们常用的采用沸水焯扁豆、急火炒扁豆等方法，都是不太安全的，这种方法的加工时间短，炒（煮）温度不够，往往不能完全破坏其中的天然毒素。这些毒素食用后会强烈刺激胃肠道，致人中毒。家庭和餐馆加工扁豆，因为锅小、量少，容易烧熟煮透，很少发生中毒。但在集体食堂炒制扁豆时，因为锅大、量多，炒时不均匀，不易烧熟煮透，有毒成分不能充分破坏，食后易造成中毒。所以扁豆中毒这样的事件大多发生在工地食堂、公司食堂等，也有快餐公司。

安全提示

沸水焯扁豆、急火炒扁豆等方法往往不能完全破坏其中的天然毒素。这些毒素食用后会强烈刺激胃肠道，致人中毒。

程老师，我们应该如何识别扁豆中毒，尤其是当进食烧煮不透的扁豆后，因毒素未被破坏而导致的中毒现象。

扁豆中毒多发生在进食扁豆后2～3小时，一般患者刚开始是会上腹部饱胀不适、灼热、恶心、呕吐、烦躁不安等现象。10～12小时后出现腹泻、腹痛、排水样及泡沫状大便，而且可能会出现头晕、头痛、无力、四肢麻木。比较严重的溶血病例会出现面色苍白、腰痛、呼吸急促等缺氧症状。如果不及时救治的话可能导致脱水、休克、痉挛、呼吸麻痹，多因严重溶血、呼吸麻痹或肾功能障碍从而危及生命。

其实出现比如恶心、呕吐的现象我们一般也不会想到是吃扁豆中毒的，肯定不会一难受就去医院，那我们在扁豆中毒的时候，有没有什么应急的方法呢？

发生扁豆中毒后应立即采取应急措施，我们可以先喝一杯浓茶水，然后用手指或筷子刺激咽喉、舌根，把刚吃过的饭菜吐出来，如此反复 2 ~ 3 次。随后口服牛奶、蛋清或浓米汤以保护食管和胃黏膜，并注意休息。有条件的家庭可以用 4% 碳酸氢钠液 100 毫升内服，因为皂素在碱性环境中极易水解的。在经过上述的处理后，身体的症状没有缓解并且出现面色苍白、脉搏快而弱者，我们就应该立即将患者送往医院救治了。一般只要治疗及时，大多数患者可在 1 ~ 3 天恢复健康。

程老师，现在我们知道加热可以破坏一部分的毒素，除了加热这种方法外，我们还能怎么预防扁豆中毒？

预防扁豆中毒的方法其实非常简单，只是大家可能不知道扁豆会中毒，也就不会注意这方面的知识。其实只要把扁豆煮熟焖透就可以破坏毒素。用水焯时，需使扁豆失去原有的绿色、生硬感和豆腥味。炒扁豆时，每一锅的量不应超过容量的一半。用油煸炒后，加适量的水，盖上锅盖，保持 100℃小火焖上 10 余分钟，并用铲子翻动扁豆，使它均匀受热。此外，购买时挑选嫩扁豆，最好不买、不吃老扁豆。在加工扁豆前，先把扁豆两头和荚丝择掉，在水中浸泡 15 分钟，这样吃起来比较放心。如果你自己的烹饪技术一般，尽量不要吃东北油豆，因为这种“大粒扁豆”煮透去毒更不易。特别提醒集体用餐单位，如建筑工地食堂、机关学校集体食堂、饭店招待所食堂等，必须遵循完全熟透的原则，不可马虎了事。

好的。这一期我们主要跟着程老师了解了关于扁豆中的毒素以及如何辨别扁豆中毒和预防中毒的知识。

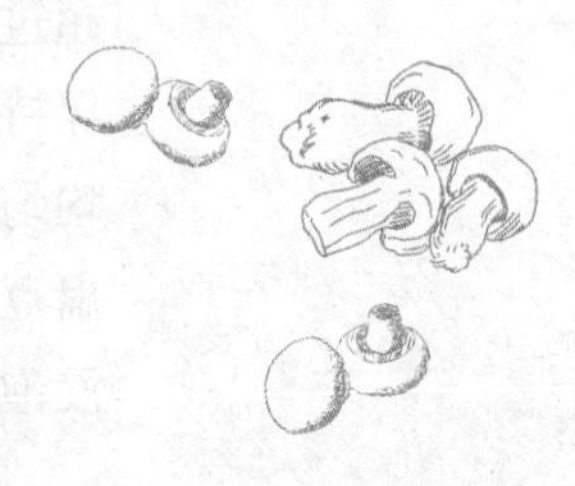

1-16

木耳也是“毒蔬菜”？

木耳又名黑木耳、云耳、桑耳、松耳、中国黑真菌。木耳味道鲜美，可素可荤，营养丰富。木耳味甘，性平，具有很多药用功效。能益气强身，有活血效能，并可防治缺铁性贫血等；可养血驻颜，令人肌肤红润，容光焕发，能够疏通肠胃，润滑肠道，同时对高血压病患者也有一定帮助。

木耳有益气、充饥、轻身强智、止血止痛、补血活血等功效。富含多糖胶体，有良好的清滑作用，是矿山工人、纺织工人的重要保健食品。还具有一定的抗癌和治疗心血管疾病功能。

2010 年西安曾发生过食用久泡黑木耳殒命的案例，近几年发生的黑木耳中毒案例仅仅是个例而已，都是因为操作或者食用不当，产生生物毒素而造成急性中毒的，其实不必造成如此大的恐慌，只要加强食用和烹饪黑木耳的安全认知，是可以避免这样的事情发生的。

那么，怎么避免呢?

程老师，我们知道木耳是个好东西，可以清除肺热、疏通肠胃。

是的。木耳味道鲜美，可素可荤，营养还丰富，具有一定的药用价值。

可是最近呢，有人居然因为吃木耳住进了医院。太可怕了，新闻中说他们是因为食用了久泡后的黑木耳而导致中毒的？程老师，为什么久泡后的黑木耳会产生毒素，而且会造成这么严重的生命危险？

其实，现在很多人可能会因为缺乏认知和思考，而造成自身的误解和恐慌。比如“吃下泡发 3 天的黑木耳，男子多脏器衰竭”这样一个标题，不乏一些影响力较大的自媒体的转发，这让不了解内情的消费者一看标题就会吓一跳，他们会想泡个黑木耳就能造成这么大的危害，木耳还是不吃为好。然而，事实的真相不是这样。

程老师，您赶快给我们解释一下，这黑木耳久泡之后到底发生了什么样的变化，会产生如此严重的后果？

虽然有谣言称，久泡后的黑木耳亚硝酸盐会升高，增加胃癌风险。但是，这个谣言是不可信的。由于栽培木耳时，人们会向培养基里添加尿素、铵盐等含氮的物质，这些物质会被微生物利用，产生亚硝酸盐。所以鲜木耳里往往也会有少量的亚硝酸盐存在。但是，我们经过研究发现，木耳中亚硝酸盐的含量，比新鲜蔬菜的标准还低很多。另外，木耳在泡发后，亚硝酸盐含量会更低。因为在泡发和反复水洗的过程中，亚硝酸盐会随水流失。研究结果显示，木耳泡发 24 小时之后，无论是放在室温下还是冷藏保存，亚硝酸盐含量都会下降，对于人体健康的影响来说是微乎其微的。

这么小含量的亚硝酸盐对人体产生不了什么影响，那中毒患者为什么会出现这样的病症？

根据医生对这些中毒患者的诊断症状反应来看，发生在他们身上的状况也不是重金属超标或者化学农药残留引起的症状，那么剩下的原因就是微生物毒素了。木耳中出现毒素分为两种情况，一种是在种植和晒制的过程中就已经有细菌大量繁殖分泌的毒素，如发生在福建古田的银耳中毒事件，就是因为食用污染酵米面黄杆菌的变质而引起的；另一种就是黑木耳在泡发的过程中被细菌、霉菌等污染，产生了毒素。

安全提示

木耳泡久了对人的影响是微乎其微的，但是在泡发中容易被其他细菌污染。

您的意思是真正造成木耳中毒的原因很可能是一些微生物毒素。

是的，我国目前每年实际发生的食物中毒至少 20 万 ~ 30 万例，大都是因为微生物产生的毒素造成的。在食用菌食用安全方面，主要是细菌和霉菌污染产生的毒素造成的。细菌毒素具有明显的季节性，一般是夏季有利于细菌的繁盛和产生毒素，最常见的细菌有白喉杆菌、破伤风杆菌、肉毒杆菌和金黄色葡萄球菌等，所产生的症状都是轻者呕吐、腹泻，重者脏器衰竭，与案例所描述的症状一致。霉菌毒素的危害也是很大的，最常见的是黄曲霉毒素、青霉毒素等。（客观地看问题）

程老师，那久泡的黑木耳到底是哪种细菌污染？

这个我们无法判断，因为不同的地方所污染的细菌是不一样的，但是不同细菌毒素所造成的中毒症状是一样的，会有呕吐、腹泻，严重的脏器衰竭，当然更严重点的话就会死亡。

安全提示

木耳食用不当会有呕吐、腹泻，严重的脏器衰竭。

程老师，我们知道黑木耳味道鲜美，营养丰富，自古就是圣品，而且能够疏通肠胃，对高血压病患者也是有益的，但是现在出现这样食用黑木耳中毒的问题，也是让人不知所措。正确安全的食用是享受美味的前提，我们平常有什么地方要特别注意呢？

我给大家讲四点要注意的：

第一，鲜木耳不可食用。这是因为鲜木耳中含有一种“卟啉”的物质，食用鲜木耳后经阳光照射会发生植物日光性皮炎，引起皮肤瘙痒，红肿，痒痛，所以木耳都需要阳光暴晒，分解掉卟啉，制成干品再出售食用。

第二，干制木耳食用前需要泡发洗净，尽量用温水泡发，缩短泡发时间，泡好后，流水清洗两到三遍，最大限度除去杂质和有毒物质。

第三，适量泡发，如果黑木耳泡多了，冰箱冷藏 24 小时，超过 24 小时后，不管是否变质都要扔掉。

安全提示

鲜木耳不要食用，干木耳食用之前需要泡发洗净。

第四，木耳的膨胀系数很高，比普通的食品更容易让人感到腹胀，同时会对肾有一定的影响，所以孕妇和儿童是更要控制食用数量的，而我们正常人的每天食用量最好控制在 10 ~ 15g，如果感觉腹胀那就不要吃了（图 16-1）。

图 16-1　木耳的合理食用量

好的。木耳虽然好吃又有营养，但是要会正确地食用。提升食品安全的认知，对我们的家人都是很有必要的。

1-17

水果注射甜蜜素的真相

甜蜜素，其化学名称为环己基氨基硫酸铵，是食品生产中常用的添加剂。根据我们《食品添加剂使用标准》（GB 2760—2014）规定，甜蜜素可以作为甜味剂，其使用范围为：①调味酱汁、配制酒、饼干、雪糕、冰激凌、冰棍、饮料等，其最大使用量为 0.65g/kg；②蜜饯，最大使用量为 1.0g/kg；③陈皮、话梅、话李、杨梅干等，最大使用量 8.0g/kg。《食品添加剂使用标准》（GB 2760—2014）中规定，膨化食品、小油炸食品在生产中不得使用甜蜜素、糖精钠、苯甲酸和山梨酸。如果经常食用甜蜜素含量超标的饮料或食品，会对肝脏和神经系统造成危害，特别是老人、孕妇、小孩危害更明显。此外甜蜜素还有致癌、致畸作用。1969 年美国国家科学院研究委员会收到有关甜蜜素：糖精的 10 ∶ 1 混合物可致膀胱癌的动物试验证据，不久后美国食品与药物管理局即发出了全面禁止使用的命令。英、日、加拿大等国随后也禁用。承认甜蜜素甜味剂地位的国家和地区有超过 55 个，包括中国在内。其实分辨水果是否喷洒了甜味剂还是十分容易的，水果本身外表是不会有黏稠感的，但是如果你买回家的一些，不管是脐橙、枣，还是葡萄、樱桃、杨梅，如果被喷洒过甜蜜素，它摸上去就是黏稠的。

程老师，我一直坚信一个道理，那就是：自然的才是最好的。您就比如说水果，水果有其正常生长和成熟的时间，但是我们经常在水果真正成熟的时节之前，就已经可以在市面上买到了，而且味道还不错，挺甜。我一直觉得不太正常。最近网上一个视频更让我确定自己的想法了。网上的小视频里，自称是水果“种植户”的女子侃侃而谈，爆料如何让柑橘变甜的秘密，其中提到需要打甜蜜素，同时还说很多水果都需要打。她说水果中打入了甜蜜素来增甜，还会致癌，好可怕啊。这甜蜜素到底是什么？合法吗？

甜蜜素呢，它的学名叫“环己基氨基磺酸钠”，是一种非营养型人工合成的甜味剂，是食品生产中常用的添加剂，其甜度是蔗糖的 30 ~ 40 倍，且甜蜜素价格仅为蔗糖的三分之一。而且它不像糖精那样用多了会有苦味儿。它在中国、欧盟、中国香港等国家和地区是允许使用的，但在其他一些国家，比如美国、日本等是不让用的。

甜蜜素在理论上我们人体是无法吸收的，最终它会原封不动地排泄出去，因此，安全性很高。我们平常喝的饮料，吃的罐头和糕点等食品，都可以看到甜蜜素的影子。

安全提示

不应该长期食用含甜蜜素的食品，否则会对人体造成极大危害。

那甜蜜素既然是我国规定合法使用的，安全性很高，是不是我们就可以放心食用了呢？我国对食品添加剂的规定，不仅有量的规定，还有使用范围的规定。消费者如果长期食用甜蜜素含量超标的饮料或其他食品，就会因摄入过量对人体的肝脏和神经系统造成危害，特别是代谢能力较弱的老人、孕妇和小孩的危害更明显。还有就是，国家规定，甜蜜素在生鲜水果是不允许使用的。

原来是这样。既然甜蜜素在生鲜水果里是不允许使用的，那往水果里打甜蜜素就是违法的。

一般我们听到水果“打药”这个话题，首先会想到的都是打药的作用。而水果“打药”，在操作方法上呢，我们通常有两种理解，一种是喷洒，一种是打针（图 17-1）。其实，水果打针增甜的传闻在网上几乎没有间断过，但是，这种方法是不可行的。

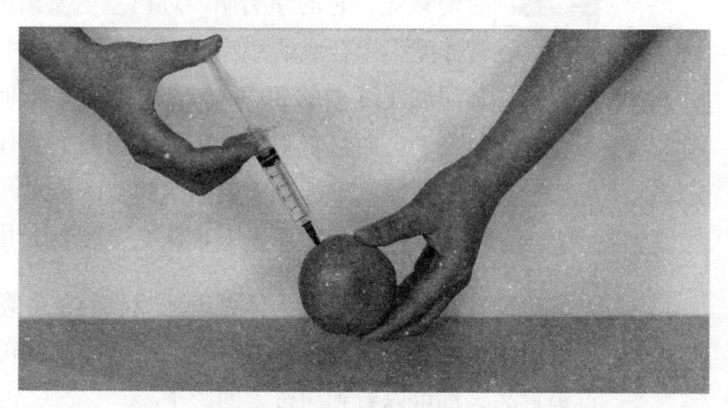

图 17-1　水果注射甜蜜素

首先，打针以后会留下针眼，为细菌、霉菌的入侵提供了方便入侵的通道，这样的话，会导致水果容易腐烂；其次，往水果里打针加入甜蜜素，是无法保证甜蜜素在水果内均匀地分布，弄不好还影响口感呢。尤其西瓜这样的实心水果，要想将药水打进去其实是非常不容易的，早在 2012 年就做过这样的实验证实过。

安全提示

水果打针是不可行的。

打针这个方法不行，那喷洒呢，喷洒的话均匀效果应该会不错。

喷洒其实也不太可能。首先，甜蜜素是水溶性的，它几乎不溶于有机溶剂，这使得它很难穿透水果表皮的蜡质层。还有就是，就算喷在表面能吸收，如何确保整棵树上的果子都能均匀吸收呢？尤其是像柚子、橙子这样果皮很厚的水果。

像这种皮厚的水果，吸收起来的话，想想都困难。那这样的话，视频中这个商贩说的应该是假的了，是谣言。

不过，极有一种可能，那就是这个商贩或者说种植户所说的这个甜蜜素，不是我们食品添加剂里的那一个甜蜜素。

在民间呢，说起某某素、某某精、某某剂一般指的就是那些高效、强力、速效的东西，这是一种口语习惯。在农业上，种植户会用到、能让水果变甜的所谓的"甜蜜素"很可能是增甜剂。增甜剂和甜蜜素是不一样的。甜蜜素是食品添加剂，是往食品里添加的，而增甜剂是一种植物生长调节剂，是一种表面喷洒的叶面肥，可以说它们所属的范畴就是不一样的。增甜剂是从欧美发达国家首先发展起来的技术，几十年前就已经开始在农业上应用了。标准的增甜剂主要是依靠微生物改善光合作用来增糖、增甜，按照规定使用是环保而且安全的，适合在一些蔬菜水果上面使用，如葡萄、西瓜、苹果、草莓等，这一类的产品挺多，但成分各不相同。常见的包括多糖或聚糖，还有硼、锌、锰等微量元素、稀土元素，硫代硫酸钠、硫酸钠、亚硫酸钠等。这些东西本身并不甜，它们基本上都是通过促进植物代谢和营养物质的合成、积累，实现增加果实产量、缩短成熟周期以及改善外观品质的目的。如市场上售的“西瓜增甜剂”其实大部分是叶面肥，正确的用法是喷洒在叶面进行追肥，绝对不是针剂。至于有些外观正常的西瓜切开后有异味，果肉化水血红，生产上叫做“水脱瓜”，是由于天气恶劣或一种叫 CG-MMV 病毒引起的生理或病理问题，并不是瓜农打针技术不好。

您说到这些，那现在这么多的水果如此甜，应该都是打了这种增甜剂。

现在，很多水果吃起来确实比过去要甜，但并不能说明它们就一定被添加了甜味剂。我们知道，大家对甜味还是比较喜欢的，因此呢，我们的水果育种技术向着更大、更甜的方向不断发展。现在呢，通过一代又一代农业科学家的选种育种，水果现在变得是越来越甜，就连玉米、土豆都培育出了甜味品种。如果水果没有酸味就说人家有问题，那我们辛勤的农业科技人员真的会伤心的。

所以呢，在种植环节使用甜味剂，比如糖精、甜蜜素，可能性几乎不存在，但在中间的流通销售环节还是有可能的，比如很有名的“糖精枣”。传说是用糖精水去泡那些枣，然后枣就会变甜。

安全提示

水果吃着甜并不一定就打了增甜剂。

其实，糖精水泡枣并没有什么作用。糖精很难穿透致密的枣皮，它只能让外层变甜。同样，有些商贩会把糖精水喷在杨梅、桑葚这样的水果上增甜，这也是障眼法。如果你现场尝的话，可能会比较甜。如果你拿回家用水一洗，他们的手段就败露了，糖精没了，吃起来就不甜了。

那甜蜜素不可能注射入水果，增甜剂也是合法的，那视频中致癌的说法更是子虚乌有了。

对。不要以为偷拍的“爆料视频”一定是真相，就算他们是种植户，在自黑，没准也是知其然不知其所以然。我们再回到你一开始谈到的自然的才是最好的话题。事物都是一分为二的，一方面自然似乎离我们的生活已经越来越远，现在很多事物为了追求某些东西，已经失去了自然的本质；另一方面，我们在不断地认识自然、改造自然，科学在进步、农业在进步、农民在进步，我们每一个消费者也必须在认识上不断地进步。

安全提示

建议大家在路边流动摊贩上买水果要注意。水果食用前一定要清洗。

好的。非常感谢程老师带来的一系列专业讲解。“甜蜜素”还是“增甜剂”傻傻分不清？这下可就明白了。同时我们也要擦亮眼睛，切不可轻信谣言，否则，不仅使我们在美食面前望而却步，同时也伤了果农和农业科学家的心。

1-18

无籽水果会绝育？

各类色彩缤纷，香甜味美的水果是大家喜爱的食物。大快朵颐之时，突然咬到一颗坚硬的果籽总是令人扫兴的事情。于是农民和育种家努力通过研究果实的发育特点来让它们无籽。可有些人总觉得没有籽的水果“不自然”，甚至猜疑是不是给水果注射了避孕药，这也是谣言“无籽水果是用避孕药处理达到无籽效果的，经常食用对人体有害”能被人们相信的原因之一。

那无籽水果到底是怎么来的呢？在人们了解了果实和种子形成的过程之后意识到，如果能够阻止种子的发育，同时又不影响子房壁的发育，就能得到既鲜嫩多汁又不用吐籽的水果了。在植物体内，对促成植物果实发育影响最大的激素有两类：生长素和赤霉素。生长素是由生物体内 20 种氨基酸之一的色氨酸，经过一系列酶促反应生成的，它对于植物体有着至关重要的作用，如促进植物的向光性、器官生长和膨大。然后是赤霉素，研究显示，植物自身可以产生赤霉素来对自身的生理过程进行调节。生长素和赤霉素，都能促进植物细胞的分裂和生长。所有被子植物发育中的种子都能够大量合成生长素及赤霉素，使得果实进行发育。那么在种子不发育的情况下，想办法为果实提供足够的激素，我们就能获得无籽果实了。

让我们跟随程老师一起，深入而具体地探讨“无籽果实”。

程老师，最近朋友圈里流传着这样一则视频，“无籽葡萄打了避孕药，吃了不好”。视频里一位正在售卖葡萄的中年人说了这么一段话：现在的无核葡萄都是沾了避孕药，才变成无核的，吃完对生孩子不好，绝育。对于不明真相的群众来说，听到这样的消息，只不过可能选择少吃葡萄而已。可是对于种植葡萄的果农来说这则消息的流传简直就是噩梦啊。我们去水果市场了解到，这样的消息传播后，种植无籽葡萄的果农发货量降低了，而且价钱也一直在降甚至卖不出去。只能眼睁睁地看着成熟的葡萄烂在地里。程老师，您说这无籽葡萄是抹了避孕药会绝育的说法是不是真的？

这几年人们对食品安全的关注一直在提高，人们总是容易受到负面消息的影响。

无籽葡萄会绝育是有些骇人听闻了，其实用避孕药培育无籽葡萄，稍有些常识的人，都会觉得荒谬，因为避孕药的原理通常是通过抑制排卵、改变子宫和输卵管的活动方式，阻碍精卵结合形成受精卵达到避孕目的，把生物避孕的原理硬搬到植物培育中去抑制果核的生长，听上去确实很不靠谱。“无籽水果中含有大量激素，用避孕药处理来达到无籽效果的，经常食用对人体有害。”这样的流言是没有任何科学依据的。无籽水果的确没有可育的种子来进行繁殖，但是无籽水果的产生和人类使用的避孕药没有任何的关系。无籽水果是通过育种或植物激素处理来达到无籽效果的。如果说无核葡萄在培育过程中喷施一种叫赤霉素的药物的话，这倒是事实，以前从有核到无核葡萄，赤霉素都在用，这些处理并不会对果实的安全造成影响。

程老师，这个赤霉素是什么？它加入水果中起到什么样的作用呢？

植物体内本身就有赤霉素这种成分，吃正常有核的水果，从植物体内也会摄入赤霉素。我们所说的赤霉素是一种生物制剂，是一种由赤霉菌的一些分泌物产生的植物生长调节剂，这种调节剂不是化学合成的调节剂。是一种对人体无害的，全世界都是认可的调节剂。它不是化学合成的。

赤霉素是被中国、美国、日本、欧盟等国家和地区认可的，是一种可以使用在水果上的生物制剂，而且用量非常少，因为用多了不但没有用，反而会使果梗扭曲变形，甚至有时候会产生大小粒。

经过试验研究，喷洒三四十天后检测，基本就是微量残留了，大家可以放心食用无核水果。而葡萄上打避孕药，根本无法抑制葡萄的生长，也培育不出无核的葡萄。

安全提示

赤霉素是一种无害的调节剂。

我们大部分人每天都会吃一定量的水果，但有时嘎嘣一声咬到籽特别影响心情，无籽水果的出现真的特别方便省事儿。

嗯，是的。而且无籽水果是科学的。我们吃的水果从植物学上说基本都属于被子植物的果实。当果实这个器官出现的时候，它有一项神圣的任务是：保护和更好地传播包被在其内部的植物幼体—种子。有了果实的包被，种子可以更好地传播，同时也使我们今天能够吃到美味可口的水果。在人们了解了果实和种子形成的过程后意识到，如果我们能阻止种子的发育，同时又不影响子房壁的发育，这样就可以得到既鲜嫩多汁又不用吐籽的无籽水果了。于是人们踏上了生产无籽水果的征程。

在植物体内，对促进植物果实发育影响最大的激素是生长素和我们之前提到的赤霉素。生长素从名字就可以看出来它的功效，从种子的萌发，芽的生长到植物形态的建立都离不开生长素的参与。而赤霉素是植物本身就会生产的，对自身的生理过程有很好的调节作用，推动农业“绿色革命”的矮杆水稻的本质，就是赤霉素合成途径上的一个关键基因的突变形成的。

也可以说，这个生长素和赤霉素都可以促进植物细胞的分裂和生长，这也是果实的发育过程，所有被子植物发育中的种子都能合成大量的成长素和赤霉素。如果在种子不发育的情况下，为果实提供充足的激素我们就可以培育出无籽的水果了。

安全提示

无籽水果的培育和避孕药没有关系。

但是无籽水果也不是那么容易培育的。它有三种方法，一种是你刚刚说的，为果实使用一定浓度的植物激素，抑制种子发育的同时促进果实发育。第二呢是通过杂交的手段，使种子不能正常的发育，同时给予一定的刺激，使果实自身可以产生足够它发育的植物激素。第三呢就是通过寻找植物自身产生的种子不育，但能够自身产生植物激素的突变个体，来产生无籽水果。

说到底无籽培育都是离不开植物激素的。比如说我国栽培面积最大的巨峰葡萄，本身是产生种子的。但是如果在葡萄盛花期及幼嫩果穗形成期，用一定浓度的赤霉素进行处理，就可以抑制种子发育，促进果实膨大，通过赤霉素处理的葡萄，不仅能够达到较高的无核率，还可以增加果粒大小，从而获得比一般葡萄大的无籽的巨峰葡萄。

当然除了生长素和赤霉素外，植物体中还含有很多激素，可以说植物的任何生理过程都离不开植物激素的调节，哪怕是人工合成的植物激素也属于低毒的，并且一般使用量非常少。所以不用担心这些植物激素会对人体产生多大的危害。避孕药从本质上说实际上是人体性激素的类似物，根本无法起到给植物“避孕”的效果。

人工合成的植物激素也属于低毒的，使用量非常少，安全性高。

好的。听了程老师的专业而详细的讲解后我们就没有必要担心无籽水果是因为农民打了避孕药，吃了无籽的水果会造成不育这样的问题了，还是好好享受美味的新鲜水果吧。关注食品安全就是关注您的健康。最后再次谢谢程老师。

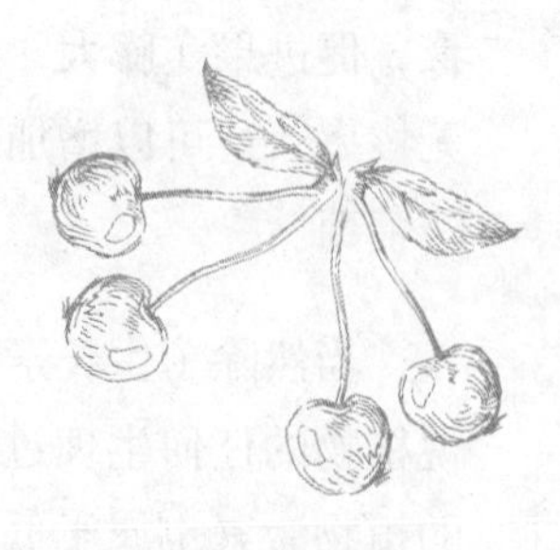

1-19

苹果打蜡会致癌？

一网友发帖称：“我刚才准备吃苹果，平时都是洗洗就吃的，突然抽风想用刀刮一刮，结果还真的刮出了一层白白的东西，我用打火机一烧就化了，我就想知道这到底是不是蜡？苹果看起来蛮好吃，为什么打蜡啊？”引发了网友热议。大家表示以后不能愉快地吃苹果了。更有甚者，说这种打蜡苹果吃了会致癌。

打蜡苹果是指表面做过打蜡保鲜处理的苹果，在苹果表皮打上食用蜡，不仅可以保鲜，还能防止微生物对果实进行侵害。如果是食用蜡则对健康无明显影响。

随着国内技术、物流的发展，加上其他应季水果品种丰富，国内已不流行给苹果打蜡用于长时间保存，而且购买果蜡成本较高，果农给苹果打蜡可能性非常小。例如河北省邢台地区苹果种植面积达 30.5 万亩，产量 28.1 万吨，储藏主要通过冷库、气调库。近年来邢台地区从未出现过给苹果打蜡的情况，一是因为打蜡需要专门的机器，会增加不少成本。当地某一种植户算了一笔账，一台普通的干洗打蜡机要五六万元，高档点的水洗打蜡机则要十余万。“俺种了 3 亩苹果，一年总收入 3 万元，像俺这样的种植户咋会给苹果打蜡呢？”；二是打蜡将影响食品安全监测。单个的种植户承担不起，规模种植户又担心打蜡后的苹果通不过相关食品安全监测，得不偿失。这样的谣言对于消费者而言，影响可能就是减少购买苹果的数量，而对于果农的伤害却是致命的。

程老师，如今人们的生活品质不断提高，大家都在提倡要吃应季水果对身体健康有好处。又到了该吃苹果的季节啦，苹果可是我的最爱啊。

是的，苹果性味温和，含有丰富的碳水化合物、维生素和微量元素，有糖类、有机酸、果胶、蛋白质、钙、磷、钾、铁、维生素A、维生素B、维生素C和膳食纤维，还含有苹果酸、酒石酸、胡萝卜素，是所有蔬果中营养价值最接近完美的一个，被誉为“全方位的健康水果”。

对啊。而且我听说苹果连皮吃的好处非常多，可是我又得跟您诉诉苦了，最近一条来历不明的苹果打蜡视频在朋友圈热传，视频里面一位戴着手套的员工把一种红褐色液体均匀地抹在苹果上，苹果随即变得“光彩照人”。网上大批网友都纷纷吐槽，有的说食用打蜡苹果容易致癌，您说真的有这么严重吗？我们平常吃的苹果真的打了蜡了吗？打了蜡的苹果真的会致癌吗（图19-1）？

图19-1　打蜡苹果

没那么严重。其实还是那句话，要学会科学地理性地认识食品安全问题。苹果的果皮上的确有蜡，苹果果皮上的蜡主要有三个来源：

第一个是苹果生长过程中表皮自身分泌的一层果蜡。这种果蜡是一种酯类成分，可以防止外界微生物、农药等入侵果肉，起到很好的保护作用。苹果自身形成的蜡膜是刮不出来的，对人体也是无害的。这是一层苹果自身的保护层，对我们是没有危害的（图 19-2）。

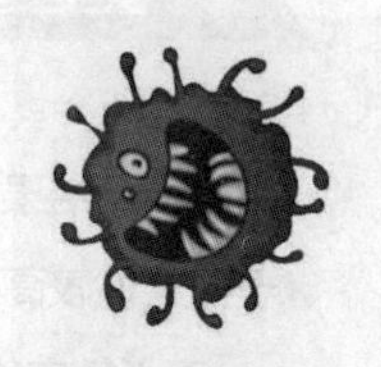

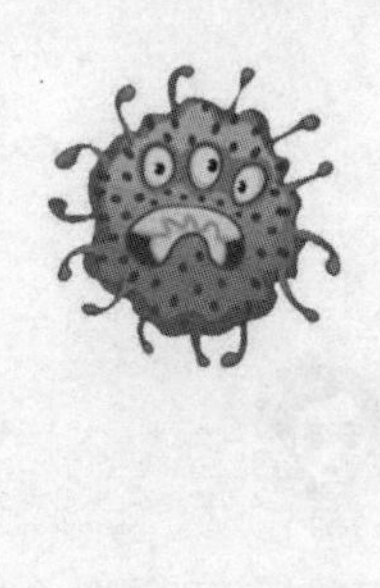

图 19-2　苹果表面的果蜡防止微生物入侵

第二个是人工添加的食用蜡。这种食用蜡是可以食用的。根据《食品安全国家标准 食品添加剂使用标准》（GB 2760—2014），食用蜡是一种食品添加剂，常用的食用蜡包括吗啉脂肪酸盐（又名果蜡）、巴西棕榈蜡等，这些物质，大多从螃蟹、贝壳等甲壳类动物中提取。可用于苹果的表面处理，对人体没有害处。一般加了人工果蜡的苹果颜色比较鲜艳，摸上去手感略微发黏，保质期也比较长。这种果蜡一般会用在中高档以及进口水果上。

第三个是人为添加的非食用蜡，主要是工业蜡，这是我们最应该担心的。工业蜡成分比较复杂，可能含有铅、汞等重金属，这些重金属可以通过果皮渗透进果肉，过量摄入会对人体健康产生危害。

那如果添加的是非食用蜡，我们是不是也无法判断啊？

如果苹果存在打工业蜡的情况，我们最担心的是果实中铅、汞等重金属含量。但是，近些年农业部对果品质量安全抽检及风险评估的结果显示：苹果中铅、镉等重金属的含量极低，并不存在超标的情况；同时，检测的100多种农药残留指标也均没有超标的情况。因此，苹果是安全性比较高的水果，大家没有必要对苹果打蜡致癌传言过于紧张。

安全提示

根据检测结果，苹果属于安全性较高的水果，不必危言耸听。

程老师，那为什么好好的苹果要打蜡呢？

苹果属于新鲜食用农产品，成熟采摘后，在仓库放置一段时间，或者运输到批发市场，时间过长表皮就容易起皱，而在表皮打蜡可以防止水分流失，解决表皮皱缩的问题，延长苹果的保存时间。另外，打蜡后苹果表面光亮、新鲜，卖相好，卖价就高。我国《食品添加剂使用卫生标准》允许给鲜水果表面打蜡，但必须使用规定的添加剂，适量添加。

但并不是我们平常实际生活中的苹果都需要打蜡。苹果打蜡的情况一般出现在储存环节，种植环节是不需要打蜡的。以前，冷库、冷链等采后保鲜、物流技术和交通条件都不够发达，苹果采收后运输到各地批发市场需要较长的时间，在运输环节出于保鲜目的会给苹果打蜡。随着现代冷链技术、物流的发展，加上其他应季水果品种丰富，国内已经不流行给苹果打蜡用于长时间保存。另外，购买果蜡成本较高，果农给苹果打蜡的可能性很小。

随着技术的发展，国内已不需要给苹果打蜡用于长期保存；且果蜡成本高，果农给苹果打蜡可能性小。

原来是这样。如果有不法商贩给苹果打了工业蜡，我们该如何鉴别呢？万一不小心买了打工业蜡的水果，又该如何清洗呢？

面对市场上少有的打蜡苹果，工业蜡和人工食用蜡的区别比较困难，需要专业人士来鉴定。大家如果担心自己购买的水果打了蜡不安全，可以先看看，一般打蜡的苹果外皮格外光滑，颜色特别鲜亮，卖相好；普通苹果则看起来没有那么鲜亮，摸起来比较粗糙。不过，对于不法商贩可能使用的工业蜡，在挑选打蜡水果时，有一个小技巧不一定很科学，但是可以试一试，那就是可用餐巾纸擦拭水果表面，如能擦下一层淡淡的红色，这很有可能就是工业蜡。

用餐巾纸可以检测苹果表皮是否为工业蜡。

我们一般的消费者不能够鉴别食用蜡和工业蜡，我们可以清洗后去皮食用。削皮不仅去掉了苹果表面的蜡，也去掉了大家担心苹果皮表面的农药残留。但如果实在不想削皮也可以清洗。清洗的方法一般有这么几种：第一是用温水清洗，这样很容易将苹果表皮的保鲜剂清洗掉，但要注意水不要过热，影响苹果口感；第二是用盐洗，苹果淋水浸湿后，在表皮放一点盐，然后双手握着苹果来回轻轻地搓，最后再用水冲干净，这样清洗的原理是利用了盐的小颗粒状态，增强了摩擦，而且，食盐本身也有消毒作用；第三还可以使用专门的水果洗涤剂进行清洗。第四也可以用面粉和水浸泡 10 ~ 15 分钟后，再用清水冲洗干净。注意浸泡时间不宜过长，水温亦不宜过高。

非常感谢程老师的详细讲解。听了程老师的专业解读之后，您是否打消了打蜡苹果致癌的疑虑和担忧呢？程老师推荐的苹果清洗方法咱们一定要记牢，在健康和卫生的基础上才能更好地享受苹果的美味。

1-20

西瓜何以成为细菌的“豪宅”

网上盛传“盖上保鲜膜的西瓜，细菌增 10 倍”，引起网友广泛关注。也让不少网友开始担心保鲜膜的真实效果和使用后的健康安全问题。

保鲜膜是一种塑料包装制品，通常以乙烯为母料通过聚合反应制成，主要用于微波炉食品加热、冰箱食物保存、生鲜及熟食包装等场合，在家庭生活、超市卖场、宾馆饭店及工业生产的食品包装领域都有广泛应用。根据所用材料及添加塑化剂不同，保鲜膜分为多种类型，可适用于不同的场合。保鲜膜以其方便、经济、美观的特点受到了人们的青睐。然而，由于在生产过程中普遍添加了塑化剂，保鲜膜对人体健康的影响也受到了人们的关注。

经过保鲜膜覆盖的西瓜真的会成为细菌的“豪宅”吗？让我们带着疑问来听听程老师的解答。

程老师，您知道今天室外的气温有多高吗?

嗯，今天应该是上 30℃了。

是啊，今天太热了，我出门实实在在地抹了 3 层防晒霜。我还准备了西瓜，一会儿咱们吃。

程老师，看您的表情，难道您不爱吃西瓜?

我倒是爱吃，不过我看这还盖着保鲜膜，我想问，啥时候买的?

啥时候买的?上午 7、8 点吧。

那到现在应该有 5、6 个小时了?

是啊，怎么了?我们可是一直放在冰箱里冷藏，这么短时间不会坏啊?

我告诉你，这半颗西瓜里，藏了很多东西。藏了什么?我先不说，我们先看一则新闻：网传一名 50 岁的赵女士，吃了半个包裹了保鲜膜、放在冰箱中冷藏两天的西瓜后，

出现呕吐、腹泻、发热症状，险些丧命。因为西瓜盖上了保鲜膜会使食用者的死亡率提高。

我的天呐，我们最爱吃的西瓜都可能会对我们造成这么大的威胁？这到底是怎么回事？

原因就是，切开的西瓜，盖上保鲜膜，会极大地促进细菌滋长。

是吗？但是我们不是一般都这样储藏西瓜吗？

对呀，大家不知道，所以才会发生刚才案例中的事情啊。其实，我们很多人买西瓜回去，一次都吃不完，吃不完怎么办呢？盖上保鲜膜放冰箱里，啥时候想吃了或者就像刚才案例中的那样，啥时候想起来了再去吃。但是，这时候细菌已经很多了。

盖上保鲜膜，空气中的细菌不是就不容易进去了吗？怎么细菌还多了呢？

其实，在没吃完的西瓜盖上保鲜膜之前（图 20-1），已经有少量细菌进入，盖上保鲜膜以后呢，西瓜内部就形成了一个相对密闭的空间，在保存西瓜内部水分的同时，也给细菌建造了一个“豪宅”，细菌在里面大肆地繁殖。

图 20-1　保鲜膜覆盖的西瓜会滋生细菌

啊，原来是这样。大部分市民还是会盖上保鲜膜放冰箱里，不过不会放那么久，而且很多市民不知道盖上保鲜膜会促进细菌滋长。

为了给大家一个更加确切的答案，我们在实验室做了这样的实验：

实验人员先用清水冲洗刀具、菜板和西瓜，然后把西瓜平均分成了 6 份，将其中 3 份用保鲜膜封盖后放入冰箱保鲜层，另外 3 份则直接放入冰箱保鲜层（保鲜层的温度设置为 5℃）。

实验结果：

冷藏 4 小时后：实验人员将冰箱内的西瓜样品取出 2 份，在消毒室对样品取样进行检测。得出的结论是：未封膜的样品，每克细菌数量为 12 个；封盖了保鲜膜的样品，每克细菌数量为 69 个。

冷藏 8 小时后：实验人员将冰箱内的西瓜样品取出 2 份，在消毒室对样品取样进行检测。得出的结论是：未封膜的样品，每克细菌数量为 80 个；封盖了保鲜膜的样品，每克细菌数量为 98 个。

冷藏 20 小时后：实验人员将冰箱内的西瓜样品取出 2 份，在消毒室对样品取样进行检测。得出的结论是：未封膜的样品，每克细菌数量为 85 个；封盖了保鲜膜的样品，每克细菌数量为 216 个。

看来啊，我们一定要注意了。

这些产生的细菌呀，如果有致病性很强的细菌的话，会对我们的身体产生不好的影响。

安全提示

盖上保鲜膜放冰箱的西瓜，会促进细菌滋长。

那今天说到这里了，我还有个疑问。

什么疑问？你说。

您看啊，我们使用的这个保鲜膜经常直接地去接触我们吃的食物，那保鲜膜里会有细菌进入食物吗？

这个保鲜膜呀，是由高分子聚合材料制成，本身不会产生细菌，对食物上细菌繁殖速度的影响也很小。购买保鲜膜时，一定要注意看其是否标注了具体名称或化学结构式，如果仅有英文名而没有中文标识的产品应谨慎购买。同时，一定要选择标有“食品用”字样的产品。

但是我们要提醒电视机前的朋友，如今市售的保鲜膜主要成分是聚乙烯（PE）、聚偏二氯乙烯（PVDC）和聚氯乙烯（PVC），前两种的安全性是有保障的，首先建议购买聚乙烯（PE）材质制成的自黏保鲜膜，尤其是在为肉食、水果等进行保鲜时，因为从安全性上来讲，PE材质的保鲜膜是最安全的。如果希望保鲜期较长，建议选择聚偏二氯乙烯（PVDC），因为这种材质的保鲜膜保湿性能比较好。而聚氯乙烯的保鲜膜，不建议购买，其所添加的增塑剂、防老剂等主要辅料有毒性，不能用来做油脂食品的保鲜，另外不得用微波炉加热，不得高温使用。

安全提示

尽量购买主要成分是聚乙烯（PE）或者聚偏二氯乙烯（PVDC）的保鲜膜。

现在有很多年轻人推崇保鲜膜减肥，这个靠谱吗？

一些美容院提出了保鲜膜减肥，使用PVC等材质的保鲜膜紧密包裹身体进行减肥，认为可以利用保鲜膜的低透气性，提高身体局部温度，从而达到燃脂减肥的目的。但是也有人指出，这其实是非常危险的行为，因为PVC中含有的大量增塑剂很容易通过皮肤进入人体，甚至会影响到人体的内分泌。因此消费者选择这种减肥方式时，一定要慎重。

今天真是又长见识了，那程老师，再说回我们的西瓜，这是我们夏季的必备食品，我们肯定是要吃的，那您能不能给我们一些建议，怎样才能让我们在夏季悠然地吃西瓜呢？

那我就给大家几点忠告：

第一，要买新鲜的西瓜，尽量不要买水果摊上已经切好盖上保鲜膜的西瓜（除非你能够判断它时间很短）。

第二，西瓜最好现切现吃，冷藏时最好别包保鲜膜，直接放进冷藏的抽屉里，存放不要超过 24 小时。常温储存不要超过 4 个小时，冷藏不要超过 24 小时。

第三，一定要保证我们的刀具和砧板的卫生，一定要将水果刀和菜刀分离，自己家的更应该经常清洗，如果有条件的话，建议您生食和熟食的砧板分开，如果再有条件的话，切菜和制作主食的砧板分开，如果您再讲究一点，切炒菜和切直接入口的水果和蔬菜的砧板再分开。如果用切肉的刀切西瓜，不仅有细菌，很可能还有致病菌。切瓜之前记得用开水反复烫刀。吃之前都最好再洗一次，或用干净的水果刀切掉果肉与保鲜膜或与空气接触的那部分。

最后一点就是慎重选择保鲜膜。像我们经常吃的西红柿、香蕉、萝卜、豆角、黄瓜和熟肉之类食物，也要尽量少用保鲜膜储存。如果覆盖了保鲜膜的西瓜，那么最好放在 0 ~ 4℃的冰箱里，这种环境可以抑制细菌繁殖速度。

最后，您来教教我们如何选购新鲜又好吃的西瓜？

选购西瓜讲究一看、二拍、三听：

一是看形状，鉴别西瓜的皮色和瓜蒂、瓜脐。瓜形端正，瓜皮坚硬饱满，花纹清晰，表皮稍有凹凸不平的波浪纹；瓜蒂、瓜脐收得紧密，略为缩入；靠地面的瓜皮颜色变黄，就是正常成熟的标志。

二是手拍，一手捧瓜，另一只手轻拍西瓜表皮，有拍打硬物，感到弹手的瓜成熟度不够。如拍打的感觉如同拍打人体肢体的感觉，手有轻微的震感，则是熟瓜。

三是听声音，将瓜放在耳边，双手稍用力挤压西瓜，如西瓜发出细微的声响，则是熟瓜。瓜皮柔软，无光泽，瓜身过轻；拍打声沉闷，有空洞感，甚至摇瓜闻响，则是过熟后的“倒瓤”萎瓜，不堪食用。

嗯，今天程老师又给我们讲了这么多十分有价值的知识。我知道了如何选瓜，更要注意的是以后尽量少用保鲜膜。

1-21

隔夜面包松软的秘密

说起面包大家一定非常熟悉。所谓面包，就是以黑麦、小麦等粮食作物为基本原料，先磨成粉，再加入水、盐、酵母等和面并制成面团坯料，然后再以烘、烤、蒸、煎等方式加热制成的食品，面包的品种繁多，各具风味，深受大家喜爱。平时我们在面包店买的面包，即使已经放到隔天，口感还是很松软，秘密其实就在于一种食品添加剂，叫做乳化剂。它最主要的功能就是可以防止淀粉老化，所以面包放到隔天也还是会很松软。但有传言说乳化剂对那些肝脏功能不好的人，特别是老人都会有较大的影响。乳化剂食用过量会进入血液，升高血脂，增加罹患心血管疾病的风险。那么这个乳化剂到底是一种什么添加剂？会不会危害我们的身体健康呢？下面我们听听程老师会如何解答。

程老师，我们之前说过隔夜茶、隔夜菜，今天我想问问您有没有吃过隔夜的面包？

吃过，但是一般来讲，基本上在24小时之内就吃完了。

我发现一个现象：比如我昨天买的面包没吃完，今天早上吃的时候，还是特别的松软，并不会变硬。您也知道我好奇心强，于是我就上网查了一下，这不查不知道，一查吓一跳，网上说：已经放到隔天的面包，口感还是很松软，秘密在于一种食品添加剂，叫做乳化剂。而乳化剂对那些肝脏功能不好的人，特别是老人都会有较大的影响。乳化剂食用过量会进入血液，升高血脂，增加罹患心血管疾病的风险。程老师，这个乳化剂到底是一种什么添加剂，会不会危害我们的身体健康呢？

乳化剂是被定义为“一种使食品乳化混合的物质”，它属于功能性食品配料。在它的分子中既有跟水分子亲近的基团（亲水基），也有能够和脂肪分子亲近的基团（亲油基）（图21-1）。在油脂和水分的混合物中，乳化剂能够通过内部亲油基结合油脂，通过外部亲水基结合水分。乳化剂就像食物成分间的协调员，让各个成分更好地融合，保持团结，不轻易发生分裂。

图 21-1　功能性食品配料中的亲水基和亲油基

程老师，那意思就是这个乳化剂可以让水和油融合到一起？

【解说】把水和油一起倒到一个杯子里，你会发现，放一会儿之后就会出现两层：一层是水，另一层是油，它们之间还有一层明显的隔膜，即使你用力搅拌、震荡，静置放一段时间后，它们还是会分层。这时，往杯子里面加几滴乳化剂，你会发现，原本不互溶的两种液体慢慢地混合到了一起，形成一种均匀乳化液。

现在，很多食品都是由水、蛋白质、脂肪、糖等多种成分组成的，就会出现多种物质不互溶，比如说，你们年轻人爱吃的冰激凌，如果做出来的冰激凌油是油、水是水，咬一口，一大块脂肪，就不会如此畅销了。

看来这个乳化剂在我们日常生活中的作用还是不容小觑的。程老师，这个乳化剂能使多种不互溶的物质融合在一起，那它在面包中发挥着什么作用呢？

乳化剂能与面筋蛋白互相作用而形成复合物。乳化剂的亲水基与麦胶蛋白结合，亲油基与麦谷蛋白结合，使面筋蛋白分子互相连接起来，由小分子变成大分子，形成结构牢固细密的面筋网络。通过形成这种面筋结构，在面团搅拌阶段，乳化剂能增强面团对机械加工的耐力，提高面团弹性、韧性、强度和搅拌力，减少面团损伤程度，使各种原辅料分散混合均匀，形成均质的面团，提高面团的吸水率；在面团发酵阶段，乳化剂能提高面团的发酵能力，增强面团的持气性；在醒发阶段，面团表面会形成一层薄膜，十分容易坍塌，乳化剂可以提高面团的醒发耐力，防止变形。

是不是可以这么说，如果没有乳化剂，面包就无法具备蓬松酥软的口感，和我们吃的馒头就别无二致了。

是的，这个乳化剂还能防止面包老化。面包放几天后就变硬，其实是因为淀粉老化了。乳化剂也是理想的面包保鲜剂和抗老化剂，在面包生产中，乳化剂可以保护淀粉粒，防止老化，从而使面包口感得到改良，对于延长面包的货架期也是有帮助的。

程老师，说到这，您还是没告诉我，这个乳化剂会不会影响我们的身体健康？

目前，国际上通用的乳化剂大概有 70 种左右，可以分为四大类，分别是脂肪酸酯类、改性淀粉类、盐类及其他种类（包括黄原胶、瓜尔胶等）（图 21-2）。

世界卫生组织（WHO）和联合国粮农组织（FAO）的食品添加剂联合专家委员会（JECFA）对世界各国所用食品乳化剂进行安全性评价，结果显示，这些乳化剂大多都很安全，绝大部分甚至都没有对每日允许摄入量（ADI）进行限制，可以认为，允许使用的食品乳化剂都比较安全，合理使用并不会对健康产生危害。所谓的乳化剂食用过量会进入血液，升高血脂的说法，也并不靠谱。

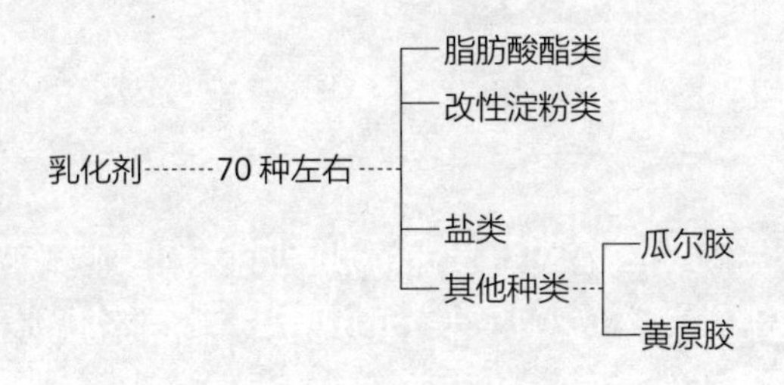

图 21-2 乳化剂的分类

总而言之，只要合理使用，乳化剂的安全很有保障，消费者不必相信网上传言，更没必要产生恐惧心理。

不过，面包、蛋糕等烘焙食品往往油脂含量比较高，多吃的话会增加脂肪摄入，而且非全麦面包所含的膳食纤维也很少，我国最新的膳食指南推荐，每天要吃 50 ~ 150g 粗粮和杂豆，所以平时吃面包的时候还是要看看成分表，尽量挑选全麦面包。

非常感谢程老师，给我们做了很专业的总结，以及今天非常详细的讲解。我们现在明白隔夜面包为什么口感还是很松软了，是因为乳化剂的作用。大家也听了程老师的讲解，只要合理使用，乳化剂的安全就很有保障，大家不必过于担心。

1-22

面包中的食品添加剂

当前，公众对于食品添加剂的关注度越来越高。根据《中华人民共和国食品卫生法》（2015 年）的规定，食品添加剂是为改善食品色、香、味等品质，以及为防腐和加工工艺的需要而加入食品中的人工合成或者天然物质。目前我国食品添加剂有 23 个类别，2000 多个品种，包括酸度调节剂、抗结剂、消泡剂、抗氧化剂、漂白剂、膨松剂、着色剂、护色剂、酶制剂、增味剂、营养强化剂、防腐剂、甜味剂、增稠剂、香料等。食品添加剂具有以下三个特征：一是为加入到食品中的物质，因此，它一般不单独作为食品来食用；二是既包括人工合成的物质，也包括天然物质；三是加入到食品中的目的是为改善食品品质和色、香、味以及为防腐、保鲜和加工工艺的需要。公众谈食品添加剂色变，更多的原因是混淆了非法添加物和食品添加剂的概念，把一些非法添加物的罪名扣到食品添加剂的头上，显然是不公平的。那么下面我们就通过讲解面包中的食品添加剂来客观深入地了解一下食品中的添加剂。

程老师，今天早上我上班的时候，在楼下看见一位妈妈正在喂一个大约8、9个月的宝宝吃早餐，一大块面包，三下五除二就被小家伙消灭掉了。

哈哈，面包比较方便还好吃，现在好多人的家里都会囤一些面包，尤其是上班族。

是的，我就会时不时地买些面包放在家里，早饭就解决了，但是呢，最近有传言说外购面包中有50多种添加剂，其中的甜味剂和膨松剂对人体尤其是小孩子影响特别大，说膨化剂中含有铝，吃面包就等于吃化肥？程老师，这个说法确实也让人有点毛骨悚然。

又把你吓到了。你先别着急，这个在面包中加甜味剂和膨松剂是否意味着吃面包就等于吃化肥，我们一个一个来和大家聊一聊。

我们先说一说这面包中的甜味剂。我们知道甜味剂的作用是提供甜味，但是却几乎不会有能量产生，所以，又叫低能量甜味剂、非营养性甜味剂、代糖等。

那甜味剂中肯定含有大量的糖分，而过量食用糖分就会导致肥胖、龋齿、高血糖、高血压等健康问题。

王君，这你就完全将糖和甜味剂给混淆了，其实你说的是糖。虽然甜味剂的甜度是糖的几十、上百甚至上千倍，但是只需要使用少量甜味剂就可以获得很好的甜感，所以，

甜味剂的食用量一般都很低，很多人担心甜味剂不安全，这个是完全没有必要的。

世界卫生组织、欧盟食品安全局、美国癌症研究中心等多家权威机构对常用甜味剂都进行过评估，结论是甜味剂的摄入不会导致网上所传言的癌症或者增加癌症的风险。

意思是我们不用担心甜味剂对我们人体造成伤害了。

只要合规合理使用，甜味剂都是安全的，消费者也不用太担心面包中的甜味剂。其实，用甜味剂替代面包中的糖也是有一定好处的（图 22-1），它替代糖使用，能减少能量的摄入，同时还会减低人们患蛀牙和龋齿的风险。

图 22-1　用甜味剂替代面包中的糖

程老师，面包中的甜味剂我们是不用担心了，那膨松剂中的铝呢？铝吃多了可是会致癌的。

食物中的铝没有确凿的致癌性和遗传毒性。虽然铝可以和DNA结合生成复合物，还可以使染色体蛋白质发生交联作用（图 22-2），但并没有研究显示铝会诱发细菌和动物细胞发生突变。而且，现在也没有研究显示人体摄入铝后，会对人体有致癌性。因此，大家也不用太担心吃了含铝的食物就会得癌症。

图 22-2 铝与 DNA、蛋白质的相互作用

那就是说吃了含铝的食物会致癌是没有的事呗，但是铝并非人体需要的微量元素，而且我还听说人体摄入铝后仅有 10% ~ 15% 能排泄到体外，大部分会在体内蓄积，长期摄入会损伤大脑，导致痴呆。

确实有研究发现它与老年痴呆有关。不过，尽管有部分研究显示过量摄入铝与老年性痴呆的发生存在一定相关，但也依然没有定论。欧盟食品安全局（EFSA）在 2008 年时对膳食中的铝进行风险评估认为：基于现有的科学数据，他们不认为从食物中摄入的铝会有导致老年人患痴呆的风险；联合国粮农组织 / 世界卫生组织食品添加剂联合专家委员会（JECFA）在 2006 年和 2011 年进行的评估，也都认为目前的流行病学研究很少有研究食物中铝与神经系统健康的资料，不能得出铝会导致老年痴呆的结论。所以，铝与老年痴呆的关系还并未形成学术界的共识，大家也不用过于担心。

原来都是没有科学依据的谣言。程老师，那摄入铝对我们的身体健康到底有没有危害呢？

说到铝对健康的危害，我们必须说到量的问题。目前学术界较一致的看法是铝主要会影响骨骼和神经系统健康。联合国粮农组织 / 世界卫生组织的食品添加剂联合专家委员会（JECFA）在 2011 年 6 月 JECFA 的第 74 次大会上将铝的“暂定每周耐受摄入量”（PTWI）确定为每周每千克体重 2mg，这相当于一个 60kg 重的成年人每周吃 120mg 铝。需要提醒的是，造成健康影响所需要的铝远远超过 JECFA 设定的“暂定每周耐受摄入量”，一般人也不用太担心；如果消费者吃进去的铝只是偶尔超过这个量，并非持续超出该水平，科学上讲是不会影响健康的。

虽然铝的摄入不会致癌和得老年痴呆，但是铝不是人体必需的微量元素，过量摄入还可能增加风险，所以，我们还是希望能尽量减少铝的摄入，程老师，我们平时该如何减少铝的摄入量呢？

2014 年，我国对含铝食品添加剂的使用做出调整，限制含铝添加剂的使用。这对于我们减少膳食铝的摄入也有极大作用。不过，由于存在大量难以监管的小作坊、路边摊甚至黑作坊，超量、超范围使用含铝食品添加剂（尤其是明矾）的情况依然会存在，对于普通消费者，如果想避免摄入过多的铝，除了尽可能从可靠的商家购买食品，还应该注意以下几个方面：

1. 北方人吃面食居多，铝摄入量远多于南方居民，平时可以减少面食摄入，搭以米饭、杂粮等，促进平衡膳食。

2. 油条、油饼、麻花等油炸面制品不要每天都吃或一次吃太多，也不要购买过于蓬松的馒头、包子、蒸糕或焙烤、油炸面制品。

3. 海蜇是铝含量比较高的加工食品，虽然咱不是天天吃，不至于影响健康，但建议少吃，有利于降低铝含量。

4. 减少铝制器具、铝箔的使用，避免盛装酸性食物，比如番茄、醋等。

程老师，那我们之前还提到的外购面包中含有 50 多种添加剂，是不是说添加剂使用的种类越多，食品就越垃圾、越不安全？

其实，食品添加剂的安全性归根结底是要看用了多大的量和吃了多少，而和使用的品种数量没有必然联系，面包中的确需要用到多种添加剂，是因为，要达到生产工艺和口感的要求需要用这几种食品添加剂。比如，为了使面包做出膨松的口感，就得用到膨松剂，你不会希望所有的面包都跟死面饼一样结实吧？为了使面包不易老化需要使用乳化剂，你不会希望面包放一会儿就老了不好吃了吧？而香精香料可以做出不同的味道。事实上，只要符合标准的要求，食品添加剂的安全性是有保障的。

非常感谢程老师，给我们做了很专业详细的讲解。也让我们更加客观深入地了解了食品添加剂的作用。

1-23

蛋黄派影响智力是真的吗?

很多的小零食大家在平时都是经常吃到的吧，特别是蛋黄派、巧克力派这样的甜食是大家都喜爱的，不论是小孩还是年轻的人都特别爱吃蛋黄派等各类的点心，巧克力也是我们在平时生活中不能够放过的，他们的味道都是很好的，非常符合我们年轻人的口味，我们在平时都会经常吃一些蛋黄派，而且像蛋黄派这样的点心是很受我们欢迎的，特别是早上没有吃饭的，都会吃上几个蛋黄派，喝上一杯牛奶，这样会很方便。可是对蛋黄派的危害大家了解吗？蛋黄派、巧克力派会增加心血管等疾病发病风险、影响儿童发育，还会影响我们的身体健康。为什么如此美味的蛋黄派、巧克力派会有这么多的危害呢？下面我们就和程老师一起来聊一聊这个问题，请程老师为我们做出专业的解答。

程老师，现在市面上的各种零食食品是越来越多，我们是吃也吃不过来。

是的，是的。

就连点心也是多种多样，其中有一种点心小孩子特别喜欢吃，就连大人也爱吃，那就是蛋黄派。但是呢，我们知道这个反式脂肪酸会危害我们的身体健康，严重的还会影响儿童智力发育，伤害成人心脑血管。程老师，关于这样的说法，您怎么看？

在很多人看来呢，“蛋黄派”“巧克力派”不但美味，而且营养，听起来甜美又时尚。但是，他们却不知道，这些“派”类点心，却往往是暗藏反式脂肪酸的大户。中国疾病预防控制中心营养与食品安全所联合北京市营养源研究所曾经对市面上的 21 种点心进行了调查，分析了其中反式脂肪酸的含量。

结果发现：超过 30% 的派类点心，反式脂肪酸含量都在 2% 以上！而世界卫生组织建议反式脂肪酸每日每人摄入量不要超过总能量的 1%，即大约每天不超过 2g。如果每天吃 3 个这样的派，反式脂肪酸摄入就极易超标！而摄入过多的反式脂肪酸，会增加中年人患心脑血管疾病、糖尿病的风险，对儿童来说，会影响智力的发育；对老年人来说，会加速认知功能衰退，增加老年痴呆症发生的风险。

小小一只派，为何会隐藏这么多反式脂肪酸呢？

事实上，酥软香腻的派皮、香浓的馅料、代可可脂做的巧克力涂层这些都是反式脂肪酸的“隐藏地”。其实我们通过商品的标签就能发现很多反式脂肪酸的身影，比如说植物起酥油、代可可脂、氢化植物油等这些名字，都是反式脂肪酸的代名词。因此，不要以为蛋黄派就真有蛋黄的营养，巧克力派就真如广告般温馨。而且要特别注意，这些派类点心要特别关注标签上的原料标注，当这些原料在前四位，说明比例比较大，那么就要少选择购买，少吃几次，否则会损害身体的健康。还有一种就是如果标签上标注的“总脂肪含量”比较高也最好别买，因为这可能是反式脂肪酸的来源。

我听您刚才说植物起酥油，什么是植物起酥油呢?

植物起酥油其实是氢化植物油的一种。最早的天然起酥油是猪油，因为它能让饼干酥脆而得名。后来人们将植物油通过氢化技术加工成软硬适度的硬脂，用于面包、糕点等食品生产。研究发现，植物起酥油中含有大量的反式脂肪酸，会对人体健康造成不利影响。植物奶油有很多好听的名字——植物奶精、植脂末、起酥油、人造黄油、人造脂肪、植物黄油或麦淇淋等。

那说到这里呢，我想知道，那反式脂肪酸到底会对我们的身体造成什么样的危害呢?

含反式脂肪酸最多的就是植物奶油，会引起发胖、容易引发冠心病、降低记忆力、影响生长发育，影响生长发育期的青少年对必需脂肪酸的吸收（图 23-1）。2003 年，丹麦首先立法禁止销售反式脂肪含量超过 2% 的食材（天然反式脂肪除外）；自 2008 年 1 月 1 日起，我国台湾地区“卫生署”规定，市售包装食品营养标示应于脂肪项下标示饱和脂肪以及反式脂肪；2015 年 6 月 16 日，美国食品和药物管理局宣布，将在 3 年内完全禁止在食品中使用人造反式脂肪，以助降低心脏疾病发病率。

图 23-1　植物奶油对人体的危害

既然反式脂肪酸对我们身体有这么多的危害，为什么我们经常吃的食物中依然含有反式脂肪酸呢?

因为含有反式脂肪酸的食物口味口感特别好，造价低、易贮存。因为好吃，所以人人都爱吃，如人们经常吃的饼干、油酥饼、巧克力、色拉酱、炸薯条、奶油蛋糕、薯片、油炸干吃面等食物中，都含有不等量的反式脂肪酸。事实上，反式脂肪酸在自然界形成的可能性非常小，几乎都是人造的，属于典型的食品添加，所以，要管住自己的嘴，这才是降低反式脂肪酸摄入的最好办法。

那您能不能给我们电视机前的观众一些建议，在我们平时购买食品时应当注意些什么？

刚才讲到了，在买食品时一定要看食品配料成分。现在的超市简直太有诱惑力了，各种美味几乎一应俱全，但是，我们消费者所能做的，就是在进超市买食品时，一定要认真看食品的配料成分，仔细去甄别，少买或者干脆不买含反式脂肪酸的食品。另外，我要强调的是目前已知含反式脂肪酸较高的食品是：咖啡伴侣（速溶咖啡）、珍珠奶茶、奶油蛋糕、奶油面包、蛋黄派、草莓派、巧克力、薯片、薯条、色拉酱、薄脆饼、冰激凌、方便面、油酥饼、大部分饼干，以及各种油炸肉串等。（图 23-2）

图 23-2　蛋黄派

说了这么多，电视机前的您记住了么，在购买食品时一定要看清楚，看仔细了再买，千万别把自己给坑了。那程老师，我们自己在家做饭时会不会产生反式脂肪酸呢？

如果在家自己动手做饭烧菜，尤其是用食用油炸鱼、虾，肉、菜丸子、花生米、虾片等食品时，一定不要反复用一锅油，最好一次一锅炸完，而且要避免火过大，油温过高。因为我们现在家里用的油，几乎都是精炼出来的，或者烹调用油，加热温度过高时，部分顺式脂肪酸有可能会转变为反式脂肪酸。你可别自己给自己制造出反式脂肪酸，那就得不偿失了。

说到这里，程老师，看来我们应该远离反式脂肪酸了。

中国疾控中心从2003年开始就已经开展对我国食品中反式脂肪酸的监测。初步监测结果显示，目前我国居民的反式脂肪酸人均摄入量在0.6g左右，远低于欧美国家报道的水平。

但是有的专家对这个数据提出了意见，他认为"基数中包括数量巨大的农村人口，但他们平时很少吃蛋糕、喝咖啡、吃蛋黄派，接触到反式脂肪酸的机会不多。在城市人群中，有一部分人每天的摄入量可能远远超过国际标准。

从2013年开始，国家食品安全风险评估中心专家委员开展“我国居民反式脂肪酸摄入水平及其风险评估”项目，我们一起等待更为科学和全面的结果。但是不管评估的结果怎样，对于个人的价值在于，指出了生活的哪些食品含有更多的反式脂肪，从而为大家有的放矢地减少自己的摄入量提供了努力的方向。

那么这里要和电视机前的朋友们提醒的是：风险评估是针对全社会的，针对个人，还是取决于饮食习惯，反式脂肪是饮食中的一个“风险因素”，应该尽量减少它的摄入。但目前绝大多数中国居民的反式脂肪摄入量低于 WHO 的“推荐限量”，它带来的风险在可以接受的范围内。对于个人来说，在努力减少含反式脂肪比较多的食品时，别忘记控制饱和脂肪带来的风险。《中国居民营养膳食指南》推荐将来自饱和脂肪的热量限制到 7% 以下，相当于每天十几克。但以中国人的饮食习惯而言，很多人会超量。比如，100g 五花肉就有近 20g 脂肪了。即使看上去似乎没多少肥肉的瘦肉、排骨，其中也有相当含量的饱和脂肪，更不用说还有各种糕点、零食、油炸食品了。

感谢程老师带给我们的正确解读，通过程老师的讲解，我们也了解了什么是反式脂肪酸，反式脂肪酸会对我们的身体造成什么危害，我们如何避免反式脂肪酸进入我们的身体，以及如何科学地平衡自己的饱和脂肪酸和不饱和脂肪酸的摄入量，您记住了吗？

1-24

饼干点火就着，还能吃吗？

饼干是人们非常喜爱的食品，是用面粉和水或牛奶不放酵母而烤出来的，作为旅行、航海、登山时的储存食品，特别是在战争时期用于军人们的备用食品是非常方便适用的。通常人们爱选择饼干作为零食，除了它滋味好之外还能补充人体需要的能量，不过不要小看饼干的热量，有些种类的饼干内藏的脂肪含量可是高得惊人。可能大家就是如此在不知不觉中囤积了肥肉。饼干虽然好吃，但少吃多滋味，多吃坏肚皮，大家要小心上火或营养成分过高的问题。想要开开心心、健健康康地吃饼干，就一定要适可而止，要吃得其法，才能健康地为你增添能量。

程老师，今天给您猜一个谜语，然后您打一物：“饿我变成并，汗水影无踪”。

不是饼干嘛，你们女孩子挺喜欢吃的，并且现在很多女孩子还喜欢自己在家做。

程老师，您又猜对了。是的，就是饼干。饼干是一种常见的点心，种类很多，而且它食用方便又便于携带，已经成为我们日常生活中具有重要地位的一种快捷食品。

是的，饼干呢，其实是从西方国家流传而来的，是一种舶来食品。真正成型的饼干，要追溯到公元前7世纪的波斯，后来随着穆斯林对西班牙的征服，以及之后的欧洲十字军东征，饼干的做法也被传入欧洲。到了现代，饼干的品种异常丰富，成为很多家庭喜爱的小食品。

程老师，我们知道生活中很多人因为学习和工作紧张的原因，往往一顿饭可能会靠饼干就解决了，饼干的种类很多，口味也有很多，而且吃饼干比较方便快捷，从这些方面来看，饼干似乎是一个不错的选择。可是这饼干易燃到底是怎么回事？这个确实让我们有点担心。

饼干，它的主要原料是面粉，有的还会添加淀粉、糯米粉等，并且它的水分含量低，再加上它里面含有油脂，淀粉加油脂遇上空气，一点火，很容易就能燃烧，所以饼干点火就着，属于正常现象，不必大惊小怪。

原来是这样，这么说饼干点火就着和它能不能吃，其实没有必然联系的。

是的。

程老师，您刚才说到饼干里含有油脂，我就发现有些饼干吃完以后，手上油油的。

是的，所以对于饼干，除了要关注它使用的面粉好不好外，我们还要分辨饼干中使用的油脂。普通植物油相对较好，牛油、猪油、黄油等动物油脂，含饱和脂肪酸较高。而含有反式脂肪酸的起酥油、植物奶油、氢化植物油等的饼干制品，长期大量食用，则会带来健康的风险。（图24-1）

图24-1　含有饱和脂肪酸和反式脂肪酸的物质

大多数人吃饼干求的就是一饱，其他的通常是不会考虑的，那么经常食用饼干到底对我们的身体有什么影响呢？而且您看现在饼干的种类是越来越多，也很好吃，而且有的人还会自己在家做饼干吃，那如果经常以饼干来代替主食的话，好不好呢？

饼干虽然美味、种类也十分多，但是也不能天天吃，不管是大品牌还是自制的饼干，都不宜多吃，否则会对身体健康带来一定的影响。

您能具体跟我们说说吗？

饼干，其实是一种高油、高糖、高钠、高热量的食物。首先，我们来说它的高油。饼干即便吃起来不油腻，它的平均脂肪含量仍可高达 20%。若脂肪含量为 33g/100g，也就是说吃 6 块饼干，摄入的脂肪就占了全天推荐量的一半。

啊？我经常一次就要吃完一包，这么算的话，我吃一包饼干，我今天的脂肪摄入量可能就够了。

再来说饼干的高糖。饼干要有怡人的甜度至少得添加 15% 的糖，因为有盐等添加剂的中和，不会有齁甜感，更让人误以为糖不多，所以饼干口感越好糖可能越多。

其实，这个我知道，饼干的糖分和盐分都挺多的。

几乎所有饼干里钠的含量都非常可观，重点是由于甜味把咸味掩盖了，吃进去这么多盐也不会觉得咸。10块饼干就差不多能达到我们食盐的每日推荐量。

这糖和盐都在互相弥补。那饼干的热量情况呢？

王君，你知道米饭的热量情况吗？

具体的不知道，但是我知道米饭热量挺高。

米饭的热量为347kcal/100g（1kcal≈4185.85J），而饼干的普遍热量均在450～550kcal/100g，尤其是曲奇、粗粮、苏打、巧克力夹心饼干的热量最高。

那饼干的热量确实很高。饼干可以说是一种“四高”食品了。那我们在选购饼干的时候，应该注意些什么呢？

我给大家提四点选饼干的小技巧。第一点，我们要注意饼干的脂肪含量。相对而言，含有蔬菜，咸味和甜味较淡、脂肪含量较低的饼干比较不错。想知道脂肪含量并不难，用一块白色面巾纸包住饼干，用重物压上，过20分钟看看纸上有多少油脂。纸上的油脂越多，脂肪含量就越高。有人说，我吃的饼干很脆，也不油腻，而渗到纸巾上的油却很多，这说明其中饱和脂肪酸含量是很高的。（图 24-2）

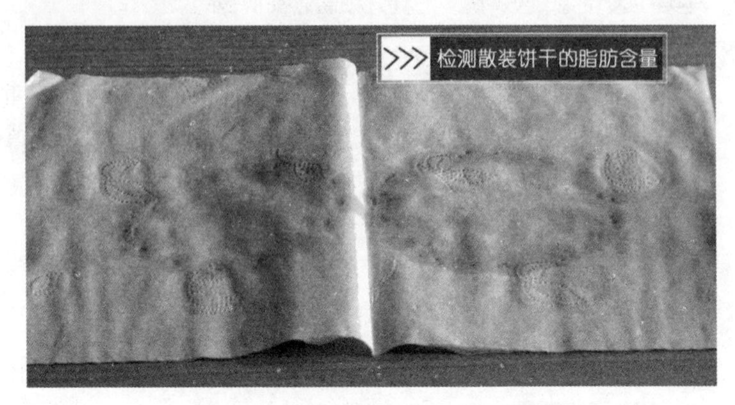

图 24-2　检测散装饼干的脂肪含量

程老师，这是教给我们了一个检测饼干脂肪含量的小妙招，我们买上饼干回去可以试一下。那第二点呢？

第二点，优先选块头大的饼干，而不是那些薄脆的饼干，因为越酥脆，脂肪可能越高。

嗯，这个要记住。

第三点，在同等条件下，尽量挑选脂肪低，而蛋白质含量高、原味、颜色浅、配料种类少的饼干。

第四点，饼干的油脂中，普通植物油相对较好，而牛油、猪油、黄油等动物油脂价值略低，而含有反式脂肪酸的起酥油、植物奶油的饼干，我建议大家不要长期大量地食用。

无论是白糖还是葡萄糖浆、麦芽糖浆、玉米糖浆，都是含有能量的简单糖类，健康效果是一样的。

好，非常感谢程老师给我们做了如此专业的总结。我们一定要牢牢记住程老师的这些讲解和建议，为我们的健康储备更多的知识，让饮食更加安全。

1-25

油炸食品中的丙二醛

每逢过节期间，油炸食品都比平常做的多，如油糕、油饼、炸鸡、炸鱼。为了省油，很多人选择反复使用一锅油。除此之外，路边的各种小吃摊，一锅油重复使用次数更难测算。那么，食用油重复使用到底有哪些影响？食用油反复使用到底会不会产生丙二醛？据央视《是真的吗》调查，记者在超市里购买了六种食用油，包括食用调和油、花生油、橄榄油、大豆油、葵花籽油和玉米油，送往食品质量与安全北京实验室进行检测。实验员定量取样，每种油取 400ml，再取定量的鸡块，每种油反复煎炸 7 次，摄取每一次的油样，共 42 个检测抽样，进行检验分析。七天后，检测结果揭晓，根据检测结果图显示，随着煎炸次数的增加，每一种油的丙二醛的含量曲线都是呈增加趋势。那么油炸食品中的丙二醛到底是什么？这种物质是否会致癌？我们还能否放心吃油炸食品？让我们听听程老师的专业见解。

程老师，我经常在我们楼底下吃油条，有一次我看见油挺黑的，我就问店主，你们这炸油条的油是不是反复使用的油，店主很生气地说："你咋能这么说话呢，这不是反复使用的油，我每天都会在这里面加点新油"。油炸食品是很多人的最爱。为了省油，一锅油反复使用的现象在生活中十分常见。最近，有网上有报道称："食用油反复使用 7 次后，丙二醛最多超 160 倍"。

我们每天都要用油烧菜做饭，食用油的安全性确实是需要注意的。

程老师，这个丙二醛是个什么物质呢?

丙二醛是多不饱和脂肪酸过氧化物的降解产物。油炸食品中的丙二醛主要就来自油脂的氧化。脂质氧化终产物丙二醛在体外影响线粒体呼吸链复合物及线粒体内关键酶活性。丙二醛是膜脂过氧化最重要的产物之一，它的产生还能加剧膜的损伤。因此在植物衰老生理和抗性生理研究中丙二醛含量是一个常用指标。

我们平时吃的油脂，其实是由不同的脂肪酸组成的，其中有饱和脂肪酸和不饱和脂肪酸。不饱和脂肪酸特别容易发生氧化反应，脂肪在氧化酸败过程中会产生醛、酮、酸等多种物质，丙二醛只是其中的一种。一般来说，油脂放在空气中也会慢慢氧化，不过在煎炸加热的条件下，氧化速度就更快。油炸时温度往往高达 200℃以上，非常容易发生氧化反应，加速了丙二醛的产生（图 25-1）。

图 25-1　脂肪的氧化酸败过程

程老师，也就是说含有油脂的食品都会因为脂肪氧化而有丙二醛的存在，那我们人体也有脂肪，也会氧化，那这个丙二醛会不会危害我们的健康？

科学家在细胞实验中发现，由于自由基的作用，脂质会发生过氧化反应，生成产物丙二醛，丙二醛会引起蛋白质、核酸等生命大分子的交联聚合，引起 DNA 损伤，有一定的细胞毒性。那会不会致癌呢？

通过食用油脂而摄入的丙二醛与人体内氧化应激产生的丙二醛其实并不完全一样。美国毒理学计划有一项研究：对一组大鼠进行长达 2 年的饲养，每次喂养量为 150mg/kg，也没有明确的致癌证据。也有些动物试验中发现丙二醛会引起一些不良反应，但都是极大剂量的，这与人们平时的实际情况相差很大。

国际癌症研究组织（IARC）评定认为，目前的实验和统计数据并不能得出丙二醛在常规剂量下致癌或者危害健康的结论。但是，由于在细胞中发现可能损伤 DNA，以及统计数据和实验结果的局限，所以，国际癌症研究组织将它划为第三类致癌物，即不明确是否能导致人类癌症。可见，说丙二醛致癌，还为时过早。

那油炸食品我们还能放心地吃吗?

目前，我国标准对食用动物油脂中的丙二醛有限量规定，要求动物油脂中丙二醛的含量不得超过 0.25mg/100g，即 2500μg/kg，植物油脂中目前没有明确的限量规定。不过，我们还是可以做个简要的对比：

安全提示

目前并没有明确证据可以证明丙二醛能导致人类癌症。

花生油、橄榄油、大豆异黄酮、葵花籽油及玉米油经煎炸 7 次之后，丙二醛的含量虽然增加了，但是明显低于 2500μg/kg。虽然这个标准并不完全适用，但是，还是可以看出，油炸食品中丙二醛并没有想象中那么高，大家不用过于担心。

而且，由于细胞内的脂肪氧化反应，人体内也是有丙二醛的，研究显示，人体血液中的丙二醛浓度大约在 0.1 ~ 1mmol/L，即 7.2 ~ 72μg/L（图 25-2），对于一个体重 60kg 的成年人来说，所含血液大概是 4L，所以他体内的丙二醛大概有 28.8 ~ 288μg，而这里反复煎炸后的油脂，最多也才 26.1μg/L，你吃的那点油炸食品所含的丙二醛就相对少得多了。

安全提示

油炸食品中的丙二醛并没有想象中那么高，大家不必过分担心。

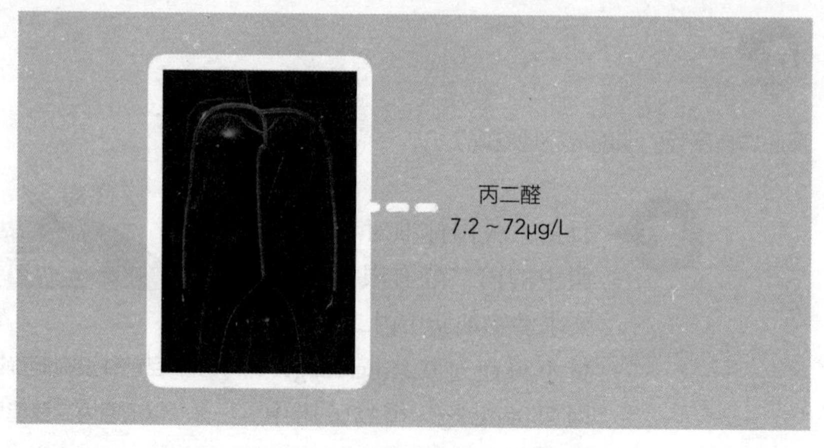

图 25-2　人体血液中的丙二醛浓度

这么说的话，那“油炸食品”我们是不是可以放心食用啦？

我们要用一分为二的辩证观点看问题，油炸食品脂肪含量高、能量很高，多吃会增加能量摄入，也会增加饱和脂肪的摄入，对健康是不利的。而且，油脂反复煎炸后，氧化会加剧，产生一些不健康的代谢产物，因此，多吃油炸食品本身是一种不健康的生活方式，从健康的角度，我们也不提倡反复使用油，消费者应该勤换油，平时自己做油炸食品的油也不要多次使用。

安全提示

为保证健康，不建议反复使用油，并且少吃油炸食品。

但是，这并不意味你就得彻底隔绝油炸食品了。人们选择食物的功能不仅仅需要健康，也需要享受美味。油炸食品在油脂和高温作用下，往往更加美味酥脆，这都是食物给人们提供的极大享受，偶尔吃点也不用太担心。

非常感谢程老师给我们做了很专业的总结，以及非常详细的讲解。虽然油炸食品中丙二醛含量较低，也没有明确证据证明这种物质会致癌，但是出于健康考虑，我们还是不要反复使用油，也少吃一些油炸食品。

安全提示

偶尔享受美味的油炸食品也不必过于担心。

1-26

油条是“油条精”做的吗？

“油条精”是一种无矾制作的食品添加剂。人们对“油条精”的担忧主要是对配料里的硫酸铝铵安全性的担忧，担心铝元素的毒性会影响身体健康。有专家指出，硫酸铝铵其实是一种合法的食品添加剂。如果它没有通过毒性和生物兼容性的检测，就不可能被列为食品添加剂。只要不超过国家规定的最大用量，对人体不会产生消极影响。但如果长期使用，铝元素会在体内蓄积，铝元素对神经系统的破坏性也逐步显现，长此以往易患上神经系统疾病。联合国粮农组织和世界卫生组织的食品添加剂联合专家委员会将铝的“暂定每周耐受摄入量”确定为每周每千克体重 2mg，即一个 60kg 体重的成年人每周允许摄入量为 120mg。我国《食品添加剂使用标准》（GB 2760—2014）中规定，铝的残留量要小于等于 100mg/kg（海蜇、粉丝、粉条除外）。好的油条精成分为泡打粉、盐、鸡蛋等，这类油条精一般针对餐饮连锁公司需求加工专供。如 2006 年福妈妈食品研究所香酥油条精研制发明，其特点是营养食品型配方，完全不含任何有害成分，通过了国家级食品研究所检验报告。但市场中销售的油条精中还有一些属于传统做法“老三样”，这种油条精会产生氢氧化铝，都含有铝元素，食用易引发脑疾病。

我曾经早饭很喜欢吃油条，但是我最近在网上看到了一个说法，说现在的油条都是“油条精”做的，长期食用会引发脑疾病，这又伤了多少人的心。程老师，您知道这“油条精”是什么东西吗？

网上流传的“油条精”其实是一种复配的添加剂产品，主要成分是碳酸氢钠、硫酸铝铵、碳酸钙、碳酸钠和淀粉。

首先我们来看看这个配料里面的东西都是什么吧。碳酸钠、碳酸氢钠其实就是苏打、小苏打，在油条中使用主要是起发泡的作用，这样你做的油条才会疏松。这两种东西的使用非常广泛，我们平时吃的馒头、蛋糕时用的泡打粉主要也是这两种东西，它的安全性很高，不用担心。不过，这两种添加剂都含有钠离子，如果大量吃的话，会增加食物中的钠离子摄入，对于高血压病患者来说还是存在一定的风险的。

安全提示

大量吃含有钠离子添加剂的食物对高血压病患者存在一定风险。

那媒体说的长期使用可能引发脑疾病所指的添加剂指的是什么？

应该是指硫酸铝铵。其实就是平常所说的明矾。硫酸铝铵为铝明矾；常用的明矾还有一种钾明矾，主要成分是硫酸铝钾。明矾的使用可追溯至宋朝，宋朝对盐、茶、矾等都行使专卖，并建立有榷矾制度。宋朝时期，明矾在水产品加工、蔬菜加工、水果贮藏等食品加工方面有广泛的应用，被认为是食品加工和制作技术成熟的标志之一。那个时候的老百姓就知道可以将明矾做脱水剂、保色剂、防腐剂应用于水产中，人们发现这样做的水产品可以更好地保持凝固状态，颜色也会更好看，保存时间也更久，比如说能增加海蜇的弹性。那个时候的人们还将明矾加到鱼糜制品、即食用鱼皮等产品中，主要起着护色、抗氧化和凝固等作用。

明矾在古代就开始被广泛使用了。明矾是一种应用非常广泛的食品添加剂（表 26-1）。我们常见的在烘焙中，都会用到膨松剂、泡打粉，这其中就含有明矾，明矾与碳酸盐发生反应产生二氧化碳气体，使面胚起发，形成致密多孔组织，使产品膨松、柔软或酥脆；同时控制反应速度，充分提高膨松剂的效能。除此之外，食品级别的明矾在布丁中作防凝固剂和增稠剂；在蔬菜罐头食品中，调控酸碱度；在酱瓜等泡菜中做防腐剂和脱水剂；在芝士中做凝结剂和增稠剂；在一些特定的酒中做着色剂或加速一些烈酒澄清。

表 26-1　硫酸铝钾（又名钾明矾），硫酸铝铵（又名铵明矾）允许使用品种、使用范围以及最大使用量或残留量

食品分类号	食品名称	最大使用量（g/kg）	备注
04.04	豆类制品	按生产需要适量使用	铝的残留量≤ 100mg/kg，（干样品，以 Al 计）
06.03.02.04	面糊（如用于鱼和禽肉的拖面糊）、裹粉、煎炸粉	按生产需要适量使用	铝的残留量≤ 100mg/kg，（干样品，以 Al 计）
06.03.02.05	油炸面制品	按生产需要适量使用	铝的残留量≤ 100mg/kg，（干样品，以 Al 计）
06.05.02.02	虾味片	按生产需要适量使用	铝的残留量≤ 100mg/kg，（干样品，以 Al 计）
07.0	焙烤食品	按生产需要适量使用	铝的残留量≤ 100mg/kg，（干样品，以 Al 计）

看来明矾的用途确实很广泛，而且应用已经很成熟。那明矾作为一种合法的食品添加剂，我相信肯定也有一个量的要求，如果食用过量的明矾，会对我们的身体造成什么危害呢？

虽然明矾用作食品添加剂历史悠久，但现代研究却发现明矾对人们健康有一定的风险。

第一，就是金属元素铝在人体内的慢性蓄积。铝不是人体必需的微量元素。明矾中的铝被人体吸收后很难排出体外，过量摄入还会影响人体对铁、钙等成分的吸收。

第二，在人体蓄积后就带来一个慢性毒性的问题，有的研究认为可能会损害大脑及神经细胞。所以提出了铝与老年性痴呆的关系问题。

慢性蓄积后带来了慢性毒性。1989 年，世界卫生组织（WHO）要求严加控制铝，规定其每日摄入量为 0 ~ 0.6mg/kg 体重。我国《食品添加剂使用标准》（GB 2760—2014）则要求食品中铝的残留量不得超过 100mg/kg（海蜇、粉丝、粉条除外），且将明矾的使用范围限定于油炸食品、水产品、豆制品、发酵粉等。

安全提示

明矾使用一定要适量。

嗯，我就看过一份资料，2003 年江苏地区面食中铝含量的调查显示，油条中铝的平均含量为 495.6mg/kg，最大值达到 1538.7mg/kg，平均超过现行标准 5 倍，最高达 15 倍。还有研究对武汉市油条铝含量进行了调查分析，在抽检的 59 批样品中，抽检结果发现，油条中铝含量残留值合格率仅 1.7%，超标率高达 98.3%。

对，从这几个调查中我们可以看出，在我国，食品的铝污染还是非常严重的。也正因如此，我国最新的标准对含铝添加剂的使用也进行了调整：自 2014 年 7 月 1 日起，酸性磷酸铝钠、硅铝酸钠和辛烯基琥珀酸铝淀粉这三种添加剂不能再用于食品加工和生产；馒头、发糕等面制品（油炸面制品、挂浆用的面糊、裹粉、煎炸粉除外）不得添加硫酸铝钾和硫酸铝铵；膨化食品中不再允许使用任何含铝食品添加剂。

另外我要告诉大家油条本来是个很好的食品，但是一些街边小摊的油条也许会有安全风险。虽然很多人都很喜欢吃油条，也吃了很多年。但是，我不得不说的是，油条可以吃，但是一些摊点的油条还是少吃点好。联合国粮农组织和世界卫生组织的食品添加剂联合专家委员会将铝的“暂定每周耐受摄入量”确定为每周每千克体重 2mg，即一个 60kg 体重的成年人每周允许摄入量为 120mg。按国标规定的 100mg/kg 残留量计算，您每天吃三四两油条没有问题，但前提是它的铝添加没有超标，如果商家有过量的铝添加，那么风险就会降临。

安全提示

为降低风险，尽量少去流动摊点吃油条。

最后总结一下：第一，网络上传说的“油条精”只要合理使用没有什么可怕的。第二，油条是个可口的食品，选择可靠的商家继续适量地吃也没有必要担心。第三，未知的往往有风险，不知加工底细的摊点上的油条，您配着豆浆吃，也会降低风险，总之，您只要了解了铝可能给您带来的健康风险，您就会在科学的基础上，该吃吃，吃得放心，该喝喝，喝得健康。

是的，只要我们了解了可能带来健康风险的因素，我们就可以科学地放心吃喝。再次感谢程老师带给我们关于“油条精”的正确解读。

1-27

洋薯条背后的危机

薯条是一种以马铃薯为原料，切成条状后油炸而成的食品，是现在最常见的快餐食品之一，流行于世界各地。大家都知道薯条的英文是“potato chips”，美国人称之为“french fries”，其实它真正的来源地是比利时。早在 1680 年的时候，比利时人就开始制作这种薯条了。在第一次世界大战的时候，美国士兵在比利时吃到了这种薯条，觉得特别美味，从而变得流行起来。薯条的口感好、味道佳，深受广大消费者的喜爱。薯条是很多人喜欢的零食，在休闲的时光，吃着薯条配着饮料看场电影，无疑是最惬意的事情，这常常是很多人的周末生活。无论男女老少对于薯条总是无法抵抗，其实，薯条吃多了对身体健康是存在很大的隐患的，关于吃薯条的危害，大家也是众说纷纭。比如炸薯条吃多了对人体会产生很多危害，如果是青少年或者是儿童吃炸薯条的话会严重影响到智力，会降低记忆力，而且还会容易发胖，对生长发育造成极大的影响等。那么下面，我们就和程老师一起来探讨一下洋薯条背后的危机。

程老师，我们今天来说一下炸薯条，您吃过吗？

吃过。

切成条状的马铃薯，我们俗称是土豆，经过油炸之后然后再撒点椒盐，那种感觉我说得都要流口水了。

年轻人比较喜欢吃，因为生活节奏的加快，这种快餐特别适合你们年轻人，所以我想你一定是很爱吃。

对，特别喜欢吃。尤其是对我们上班族还有小孩子，一去快餐店必点的就是薯条。

对对对。

但是呢，最近有一个观众提出了一个问题，他听说薯条是有问题的，会产生一些有害物质，那关于这个问题呢，有很多人都给出了一些答案，那么这个真相到底是什么？

很多人第一个对这个问题不是很了解，再一个可能大家最担心的，这东西呢就好好的薯条，这么好吃为什么会致癌呢？

对。

很多人关心的就是其中的我们讲的一种物质，这种物质学名叫做丙烯酰胺，丙烯酰胺会出现在油炸的一些淀粉类食品当中（图 27-1）。

丙烯酰胺，它是一种白色晶体化学物质，是生产聚丙烯酰胺的原料。聚丙烯酰胺主要用于水的净化处理、纸浆的加工及管道的内涂层等。

图 27-1　丙烯酰胺

我明白了，丙烯酰胺是在薯条的加工过程中逐渐生成的，跟土豆本身没有关系，大家可以放心了。那您说我们平时在制作美食的过程中，难免会油炸、烘焙、烤制，无法避免丙烯酰胺的生成（图 27-2），那么丙烯酰胺会危害我们的身体健康吗?

我知道现在很多人喜欢自己做一些烘焙、油炸类的食品，但是大量的研究表明啊，丙烯酰胺对人体和动物都具有神经毒性，表现为周围神经退行性变化，涉及认知、记忆等其他功能的退行性变化。对动物还有突变性和致癌性。在 1994 年，国际癌症机构将丙烯酰胺列为 2A 类致癌物。致癌物分为三种：一类致癌物、疑似

安全提示

丙烯酰胺属于特定条件下动物试验致癌物，对人类仅具有可能致癌性。

致癌物、特定条件下动物试验致癌物。它们的作用力依次递减，丙烯酰胺属于第三种，对人类具有可能致癌性。

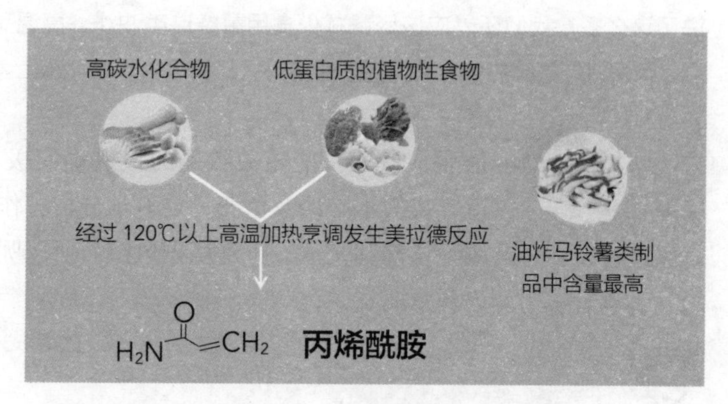

图 27-2　丙烯酰胺的产生

按这个标准来看的话，丙烯酰胺对我们是有致癌风险的，那我们还能吃薯条吗?

世界卫生组织表示，由于难以统计丙烯酰胺要到哪一个浓度才会致癌，所以难以订立安全标准。国家食品药品监督管理总局统计数据显示：我们国家的居民，一般消费人群平均每日从膳食中摄入丙烯酰胺为每公斤体重 0.28μg，高消费人群为每公斤体重 0.49μg。另外，由于原料马铃薯中有关氨基酸、还原糖等前体成分变化很大，油炸温度和油炸时间等也有波动，导致薯条中丙烯酰胺含量的波动也很大。从欧盟食品安全局的科学报告看，1378 份薯条样品，丙烯酰胺的平均污染水平在 332μg/kg。

说了这么多，我们还是应该尽量减少食用薯条这类油炸、高温烹制的食品。何况薯条是高热量食物，为了保持身材，我们也要适可而止。

是啊，最近一些相关致癌的报道确实极易引起消费者恐慌，我们不必谈及色变，要科学分析。作为消费者应加强风险认知和交流，正确认识风险。所以呢，有几点建议告诉观众朋友。

嗯，您说，我一定也好好记下来。

第一，烹饪时，在确保杀灭微生物的同时尽量避免过度烹饪。家庭烹饪中提倡蒸、煮、炖的烹饪方式等；对于食品加工企业，应改进生产工艺和条件，尽量减少食品中丙烯酰胺的形成。第二，提倡平衡膳食，注意食品的多样化，多吃一些脂肪含量低、纤维含量高的谷物、水果和蔬菜等。

说得真好，那么作为消费者，我们应尽量减少油炸食品、洋快餐食品的摄入，改变以油炸和高脂肪食品为主的饮食习惯；我们日常在家做饭时，尽量避免长时间或高温烹制淀粉类产品，以减少因丙烯酰胺可能导致的健康危害。好了，今天程老师又给我们讲了这么多十分有价值的知识，非常感谢您。

1-28

自制食物真的安全吗？

随着人们对食品安全越来越重视，每个人都非常关注自己吃的东西究竟是不是放心的。为了保证安全，现在越来越多的人也开始“返璞归真”，自己动手在家做各种各样的食物，于是买回各种食材在家里 DIY。将豆浆机、酸奶机、面包机、蛋糕机、烘焙炉等一股脑儿购置齐全。如今，不少热衷 DIY 的人都有这样一个观点：自己做食物更健康。自己在家料理食物当然更有乐趣，还可以控制油、盐、糖的分量和比例，确实是一个比较健康的选择。然而，家庭自制食物是不是就更为安全呢？这却未必如大家所想的那样。有专家表示，有些自购食材也会有添加剂，“叠加”后有可能导致添加剂摄入超标，而且食材在处理、加工、保存保鲜等环节均有可能造成污染，对人体健康造成隐患。下面就让我们一起来详细说说自制食品的利与弊。

程老师，您有没有发现现在越来越多的人都喜欢在家自制食品吃啊？

是的，现在越来越多的人觉得外面吃着不安全，里面添加很多东西，于是自己在家自制食品，做各种各样的食物，还有人自己在院子里种点菜，还有人自己在家做发酵食品，如水果酵素、葡萄酒、酸奶等，也有人自己榨油……

程老师，可能很多人觉得自己在家做食物是比较安全的，一方面可以陶冶自己的情操，另一方面它又比较随意，我想吃什么就可以种什么，做什么。

是的，但是家庭自制食物同样存在安全风险，一不小心，你也会中招。

就是自己制作，还会有风险啊？

对，我们跟观众朋友们聊一聊，首先我们先说种菜这事儿。

是的，程老师，很多人觉得现在大城市污染比较严重，许多蔬菜农药残留也比较严重，对身体的健康影响比较大。自己种菜可以控制农药和化肥的使用量，甚至可以不用农药和化肥。要想吃健康的蔬菜，自己动手种植最健康。

是的，自己动手丰衣足食没有错误，但实际上拿种菜这事儿来说，一个农产品是否安全，化肥农药是大家能够看到或者你能感知到的，报纸上、网络上、手机上都有这种传说，可能感觉它是存在的风险，但是很多东西是大家感觉不到的，但其实是确实存在的，比如土壤、空气等环境是否安全。自己种菜同样要面临环境污染的影响，要做到绝对不含农药、重金属等污染物其实是不可能的。

程老师，我看到很多自己种菜的说，他们不用化肥，用农家肥要安全得多。

为了追求“纯天然”，自己种菜的时候使用农家肥或者有机肥（人畜粪尿）而不使用化肥，需要提醒大家的是，如果用农家肥或有机肥，一定要确保人畜粪尿是经过充分发酵的，否则，其中没有被杀死的寄生虫卵和致病菌是很容易对人体健康产生危害的，有时候这个危害也远比化肥或农药严重得多。

种菜是一门技术性很强的农业学科。要想自己种菜安全，你要了解蔬菜的习性，你得了解农业的八字方针（土、肥、水、种、密、保、管、工）。如果你对种菜完全不了解，你能不能种出很安全的蔬菜来，我觉得就不太好说了。

我们还是那句话，未知的也许就是风险最大的。程老师，那除了我们这个自制蔬菜、种菜这方面的，有没有其他的也会带来一些风险的。

现在很多的人，包括我朋友圈里都说自己家里酿了葡萄酒了。

对，感觉很有生活情趣。

其实这个自酿葡萄酒，特别容易被杂菌污染，它是很新潮，当然你们也陶冶情操，但是，这样一种做法，它的风险存在这样几方面：

1. 可能被杂菌污染的问题。工业生产的葡萄酒在酿造过程中灭菌的操作要求很严格，如果混入杂菌，会破坏葡萄酒的正常发酵，影响酒的口感。更有甚者，如果灭菌不彻底，杂菌很可能在里面生长，从而产生有毒物质，这也是自酿葡萄酒普遍存在的问题。

2. 酿酒所使用的酵母问题。家庭酿酒所使用的酵母品种不一定能像工业生产中使用的酿酒酵母耐受较高浓度的酒精，因此最终得到的葡萄酒酒精度也可能不够高，不足以抑制杂菌生长，这也增加了安全风险。

3. 甲醇问题。自酿葡萄酒往往也面临甲醇更高的风险。由于植物细胞壁中含有果胶，在发酵过程中不可避免地会产生甲醇。工业化生产葡萄酒时，一般会通过前处理、改良菌种和改善工艺等方法来降低甲醇含量。因此，工业生产的葡萄酒中甲醇的残留量会更可控，会符合相应的安全标准，甲醛的风险也小得多。而家庭自酿葡萄酒，由于受技术条件、知识水平的影响，很多人并不知道这样的操作，更不知道如何尽量减少甲醛的产生。所以，自酿过程中的甲醇含量往往不可控，可能风险更高（图 28-1）。

自酿葡萄酒面临甲醇更高的风险

由于植物细胞壁中含有果胶，在发酵过程中不可避免地会产生甲醇。

工业化生产葡萄酒时，一般会通过处理、改良菌种和改善工艺等方法来降低甲醇含量。

图 28-1　自酿葡萄酒存在的风险

所以，自酿葡萄酒，可免则免。

最后和大家聊一聊自制酸奶的事儿。

自制酸奶都有风险？我还经常在家做酸奶喝呢。

那又扫你的兴了，在家自制酸奶，并不一定更好。首先自制酸奶的基本原理其实就是在牛奶中接种乳酸菌，让它在合适的温度（一般在 40℃左右）下大量繁殖（发酵），把牛奶中的乳糖分解成乳酸，进而形成了我们喜爱的酸奶。

程老师，你说说在普通家庭自制酸奶中存在哪些风险呢？

1. 菌种的问题。自己在家里自制过程极易受外界影响，或发酵过度，或发酵不足，最终也导致自制酸奶的口感可能并不好，花了大量时间却没有做出好喝的酸奶（图 28-2）。

图 28-2　自制酸奶存在的风险

2. 加工的器具和场所。由于环境中存在大量细菌，在进行发酵前我们必须对原料牛奶和发酵器具等进行杀菌。但是，我们普通人在家庭环境中自制酸奶，很难保证严格的杀菌条件。即使将牛奶煮沸，把制备酸奶的相关器皿全部在开水中消毒，在操作过程中也难免受到其他杂菌的污染。如果有杂菌污染，比如盛装酸奶或者牛奶的容器没消毒或者我们在做酸奶前手没清洗干净，都可能让酸奶混入其他杂菌。这样做成的自制酸奶不仅不会更健康，反而还对健康造成威胁。

程老师，我明白了，大家担心商场里买的酸奶中的添加剂，其实，只要合理使用添加剂并不会有什么安全问题的，比杂菌污染的风险也小得多。如果不能做到严格消毒，还是最好不要在家自制酸奶，市面上买到的酸奶，工艺过程只要合理合规，总体是比较安全的。程老师，在节目最后针对自制食品，您有什么建议吗？

从传统食品工业到现代食品工业的发展过程，是一个不断认识、不断发展、取其精华、去其糟粕的过程，现代食品工业从原料到生产到成品，均有严格的标准控制和检验检测，而传统的手工加工主要是口口相传，没有成熟稳定的标准，缺乏安全管控的措施，所以，如果不了解自制食品背后的科学和安全风险，盲目自制食品，这些安全隐患总有一天会让你吃下自酿的苦果。

好了，感谢程老师给我们的提醒，自己种菜也好、自己酿制葡萄酒也好、自己做酸奶也好，如果我们不能保证良好的环境、科学的方法、专业的技术，食品安全风险也许就在我们身边。

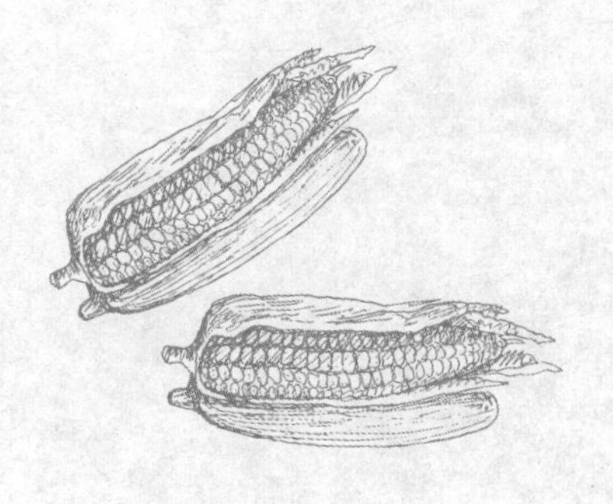

1-29

“疯狂”的辣条

辣条，又名辣片、麻辣条、辣椒条、辣子条、豆腐皮、麻辣、辣皮子。主要原料为面粉，加入水、盐、糖、天然色素等和面，经过膨化机高温挤压膨化，再加油，辣椒，麻椒等调味料，并加入防腐剂等添加剂制成的面制品，也包括卤制肉类食品。辣条诞生时间很早，辣条出现之后很长时间，包括卫生、生产许可证等很多都会让人产生怀疑。确实如此，以前的辣条都会存在这样那样的问题，比如没有生产许可。其中最让人担心的就是卫生问题，辣条里会放很多添加剂、防腐剂。而且辣条的生产环境脏乱，曾多次被媒体曝出问题，加之监管部门监管不到位，导致辣条大量销售于城乡结合部、县城、农村地区，在城市也有零星分布，大多会在小学门外由小商贩及小商店销售。但随着监管力度加大，辣条生产环境也逐渐好转，由原来的问题食品（如没生产许可、卫生不合格等）转变为受到很多年轻人喜欢的零食。虽然辣条生产情况整体好转，但卫生等问题依然存在。

程老师，我昨天在朋友圈看到非常经典的一句话，说是“百年前你用鸦片打开我国门，百年后我用辣条让你沉沦”。

哈哈哈，这么说咱们这一期要讨论的是国民小吃——辣条。

是呀，辣条真的很好吃。我到现在都清楚记得，我小时候经常攒钱买辣条，吃了一包辣条就像吃了全世界的美味一样，其他同学也爱吃，经常是人手一袋。

估计现在仍然是小朋友们的最爱。首先它美味，其次它也不贵。

没错，有时候我就特别好奇，这辣条的制作工艺是怎么样的？

市面上比较多的制作辣条的机器叫功能白面膨化机，是通过机器内部的高速旋转的部件在高压的情况下将其瞬间由生变成熟化制品，将辣条的模具放进机头螺母内，就可以做出不同的辣条。将制作好的熟化制品，加上辣椒油、食用盐、味精、香料等佐料，真正的辣条和辣片就做成了。

原来是这样，看起来也不特别复杂。程老师，今天为什么要讨论辣条呢，首先是它很受欢迎，其次就是最近我在网上看了一个新闻，是关于辣条的，看完我顿时就不开心了，这生产环境，也太差了。

现在辣条生产厂家小而散，甚至有些鱼龙混杂，有些小作坊生产环境差，卫生标准不合格。而且最重要的一点就是，我们知道辣条最大的特点就是辣。这些辣条是面粉加辣油和食品添加剂制作的。这些辣椒油对我们的口腔、咽喉和食管有一定的刺激性，长期食用还会引起某些部位的病变。尤其像那些中小学生看见这些五花八门的廉价零食，这种尝一尝，那种试一试，长期食用就可能摄入过量，带来其他的健康风险（图 29-1）。

图 29-1　食用辣条的健康风险

这么严重呢？电视机前的家长们可要注意了，这种不健康的食品一定要让孩子少吃，最好不吃。

第一关于油脂的问题。买来一包辣条，你会发现里面油油的，这都是因为它们是采用油浸或油炸的方式加工成的。因为用油脂进行搭配，会增强辣条的口感，吃起来香香的。可是用油量这么大的食品，油脂的品质又没有办法得到很好的监控。就像刚才的食品，辣条的生产商一般都是小作坊，生产食品所用油脂的品质是让我们担忧的。

第二关于色素的问题。辣条里一般会添加一定量的色素。让辣条变得色彩诱人，单纯靠辣椒是很难实现的，这就需要食品添加剂中的染色剂来帮忙，例如胭脂红等。这些食品添加剂在使用量上有严格的规范，如果他使用的添加剂在品种、使用量和范围都符合国家标准，倒也可以，我们最担心的是它非法添加和超范围使用，因为小作坊着实难以监管。

第三关于卫生环境的问题。刚才视频里辣条的生产环境很差，很难得到监管。小包装的辣条一般售价便宜，5 角、1 元居多，这些低成本的小食品为了保证各环节的利润，在生产环境及工人要求上就难以达到国家要求，难免会存在一些安全隐患。

那程老师，我们看到现在很多中小学生，还有年轻人，都很喜欢吃零食，那对于这些学生这样的情况，您有什么好的建议吗？

嗯。其实零食也是分红绿灯的。建议常食用的零食，比如青少年两餐之间可以加一些坚果、水果类零食，以补充必需营养。推荐：水煮蛋、豆浆、纯鲜牛奶、纯酸奶；香蕉、西红柿、梨、桃、苹果；瓜子、杏仁、松子等。

适当食用的零食，比如说有些零食在青少年高度用脑的时候，也可适当补充。比如黑巧克力、肉脯、卤蛋、鱼片、葡萄干、奶酪、奶片、琥珀核桃仁等。另外，吃什么零食要根据青少年个体差异而有所区别。如孩子缺钙，可选用钙质饼干或增加奶制品；缺铁，可选择强化铁元素的食品。

也就是说，不是不让吃零食，要有选择地健康地吃。

对。像这些糖类、膨化食品、巧克力派、奶油蛋糕、可乐这些尽量少吃。辣条更是，要少吃或不要吃了。

对，尤其是各位家长朋友们，一定做好监管。小小的辣条，现在可是都成为隐性杀手了。从营养成分来看，辣条含的能量多、盐多，而其营养素含量少，经常吃会增加超重肥胖、高血压病等风险。尤其是儿童，长期食用含盐过多的辣条容易影响儿童的食欲，影响对正餐的摄入，关键是不利于健康饮食行为和生活方式的养成。为了咱们的身体健康，您就要把今天程老师给我们讲的这些知识和建议都记住。关注食品安全就是关注您的健康。再次谢谢程老师的讲解。

1-30

吃腐乳有致癌风险吗?

腐乳又称豆腐乳，是中国流传数千年的特色传统民间美食，因其口感好、营养高，闻起来有股臭味，吃起来特别香而深受中国老百姓及东南亚地区人民的喜爱，是一道经久不衰的美味佳肴。腐乳性平，味甘，所含成分与豆腐相近，具有开胃消食调中功效。可用于病后纳食不香、小儿食积或疳积腹胀、大便溏薄等。善用豆腐乳，可以让料理变化更丰富，滋味更有层次感。但是腐乳含盐和嘌呤量普遍较高，不适宜高血压病、心血管病、痛风、肾病患者及消化道溃疡患者，如果吃太多的腐乳，将产生不良作用，影响身体健康。那么怎样吃腐乳才健康呢？下面我们就和程老师一起来探讨一下腐乳的吃法以及保存妙招。

程老师，节目一开始首先想问问您，像我们吃早餐或者说是吃馒头的时候都会配一些小菜，您像我就喜欢配着咸菜啊，花生啊一起吃。那您都喜欢怎么吃？

嗯，我吃的这个东西大家都太熟悉了，就是腐乳。有时候吃馒头的时候会蘸点腐乳汤。

腐乳？您怎么会吃腐乳呢？

有什么问题吗？

程老师，据我了解，腐乳里很容易含有大量的霉菌，而且嘌呤含量和盐含量都挺高，过量摄入对人体健康是不利的。我早就不吃了。

腐乳大家并不陌生，而且网上关于腐乳不好的说法确实很多，其实，我想说的是，事实上，腐乳被冤枉了好多年。

不会吧。难道我们错怪腐乳了？

其实腐乳是我国流传千年的民间美食，口感好，吃起来特别香，很多人还是很喜欢的。早在公元5世纪，北魏时期的古书上就有“干豆腐加盐成熟后为腐乳”的说法。而且在《本草纲目拾遗》中也有这样的描述：“豆腐又名菽乳，以豆腐腌过酒糟或酱制者，味咸甘心。”到了清代，李化楠的《醒园录》中已经详细地记述了豆腐乳的制法。我们知道绍兴腐乳很有名，早在四百多年前的明朝嘉靖年间就已经远销东南亚各国，声誉仅次于绍兴酒。我国的腐乳已出口到东南亚、日本和美国、欧洲等国家和地区。

嗯，这腐乳的历史确实很久远。我原来也很喜欢吃腐乳，但是程老师，我自从听到有人说腐乳含有大量霉菌，常吃腐乳的话还会有致癌的风险？我就不太敢吃了。程老师，腐乳算是腌制品吗？

嗯。很多人对腐乳不太了解，问它是不是腌制食品？常吃是否有利于健康？答案是腐乳作为发酵食品，经常吃还有营养有利于健康。现在，包括酸奶、豆豉等在内的发酵食品越来越得到营养学的重视。

这么说腐乳是很有营养的一种食品了。程老师，那吃腐乳有哪些好处呢？

说到这个吃腐乳的好处有这么几点：首先，腐乳还有一个洋气的名字，你知道是什么吗？

是什么？

腐乳又被称为是东方奶酪。

东方奶酪？为什么呢？

我们知道腐乳是用豆腐做的，而豆腐里的各种营养成分在制作腐乳的过程中它几乎是没有什么损失的，反而是有所增加的。比如，大豆所含的蛋白质是不易被直接消化吸收的，而腐乳经过微生物的酶水解后会生成低分子多肽混合物，易于被消化吸收。由于微生物的作用，腐乳中产生的维生素 B_2 含量仅次于乳制品，比豆腐还高 6 ~ 7 倍；维生素 B_{12} 量仅次于动物肝脏。

是啊，这样看来腐乳确实是很有营养。而且主要是跟它的微生物发酵有关系。

是的，发酵后的腐乳在真菌的水解酶作用下使苷大量水解，变成游离型异黄酮苷原。这些糖原具有良好的溶解性和低黏度、抗凝胶形成性，可以被肠道有效地吸收。大豆异黄酮，能有效地预防和抑制白血病，具有抗肿瘤效应。尤其对乳腺癌和前列腺癌有积极的预防和治疗作用。腐乳中含有不饱和脂肪酸，本身又不含胆固醇，大量实验动物研究表明，腐乳中的蛋白质疏水性成分能与胆酸结合，能降低动物体内胆固醇的吸收及胆酸的再吸收。日本的营养调查发现：经常吃腐乳的人，骨质疏松症患病率明显降低，尤其是老人和妇女。

看来这腐乳的好处还真是不少呢。一些人会认为腐乳含霉菌、亚硝酸盐，因此觉得它会致癌，所以把腐乳列为致癌名单。那真相到底是什么呢?

用于制作腐乳的霉菌，属真菌，它是一种经过选择的有益食用菌，对人类是有益的。平时，我们用来面粉发酵、做酱油、醋等，都是需要用真菌来发酵的。制作腐乳的霉菌，其实是将豆腐中的不易分解的物质分解出来，形成其独特的风味，本身不产生毒素，更不会使人致癌。

那这就打消了我们的疑虑了。看来这腐乳真是一种既美味又有营养的食品，是我国一种经久不衰的美食，是发酵食品，适当地吃还是有很多好处的。那我们平时在吃腐乳的时候有什么要注意的吗?发酵好的腐乳应该怎么保存呢?

没错。值得注意的是，腐乳本身含盐和嘌呤量普遍较高，高血压病、心血管病、痛风、肾病、消化道溃疡患者，就需要忌口了。管得住自己的嘴，方能活得健康。不过适量吃，盐是不会超标的，因为一块普通大小的红腐乳约为10g左右，含盐量为1g，最高是糟腐乳含盐量为2g。每天每人的盐摄入量为6g（图30-1)，吃一块是不会超标的。但要提醒大家的是，腐乳保存不当的话，腐乳是会产生亚硝酸盐的。

图 30-1 腐乳的含盐量

嗯，我们经常买回一瓶腐乳是需要很长时间才能吃完，我们应该怎么正确保存呢?

那我就教大家几招。第一招：必须用干燥没有水分的筷子夹，每次吃的时候，先用干净的筷子夹出，没有吃完的不要再放回瓶内，避免产生亚硝酸盐。第二招：低温保存，没有吃完的腐乳应放入冰箱冷藏室储藏。第三招：腐乳里的汤汁不要倒掉。没有吃完不要把腐乳汁倒出来，腐乳汁有防止变质的作用，吃剩的腐乳汁可以烧菜，如腐乳空心菜、腐乳红烧肉等。

这三招可是解决了我们平时经常遇到的难题了。大家可都要记清楚啊。非常感谢程老师给我们做的专业详细的讲解，让我们了解到了腐乳的诸多好处和保存的小诀窍。

感谢以下单位和机构提供政策专业技术支持

（排名不分先后）

国家食品药品监督管理总局

中国疾病预防控制中心

国家食品安全风险评估中心

山西省卫生和计划生育委员会

山西省食品药品监督管理局

山西省疾病预防控制中心

太原市卫生和计划生育委员会

太原市食品药品监督管理局

中国食品科学技术学会

山西省科学技术协会

中华预防医学会医疗机构公共卫生管理分会

中国卫生经济学会老年健康专业委员会

中国老年医学学会院校教育分会

山西省食品科学技术学会

山西省科普作家协会

山西省健康管理学会

山西省卫生经济学会

山西省药膳养生学会

山西省食品工业协会

山西省老年医学会

山西省营养学会

山西省健康协会

山西省药学会

山西省医学会科学普及专业委员会

山西省预防医学会卫生保健专业委员会

山西省医师协会人文医学专业委员会

太原市药学会

太原广播电视台

山西鹰皇文化传媒有限公司

山西医科大学卫生管理与政策研究中心

SALT
HONEY
SALT

SALT
SAUCE
HONEY
SALT
Milk

SALT
SAUCE
HONEY
SALT
Milk

SAUCE
SALT
HONEY
SALT